WOLFGANG GAEDE / EINE SCHRIFT AUS DEM NACHLASS

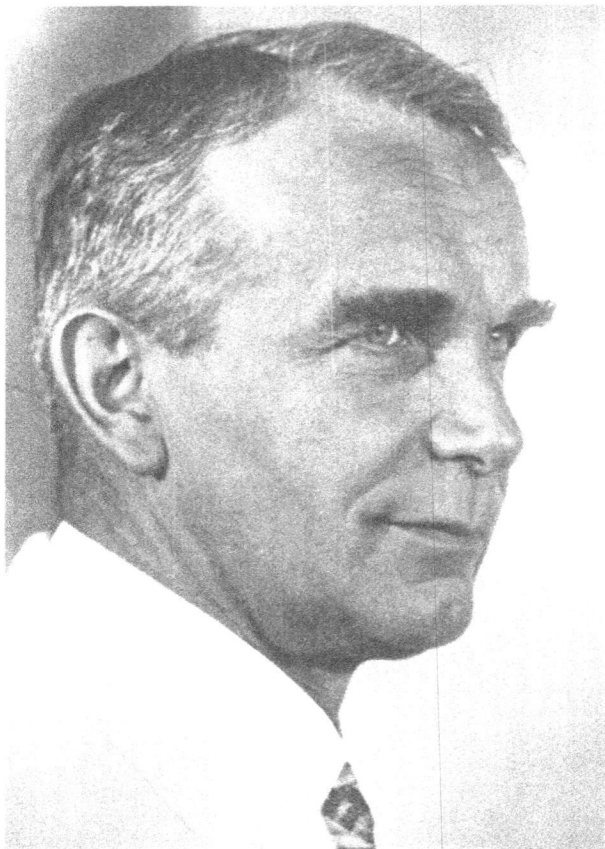

W. Gaede

WOLFGANG GAEDE

EINE SCHRIFT AUS DEM NACHLASS

VERLAG VON R. OLDENBOURG

MÜNCHEN 1950

Die vorliegende Abhandlung stellt das Kernstück einer Festschrift dar, welche von der Firma *E. Leybold's Nachfolger*, Köln, aus Anlaß ihres 100jährigen Bestehens herausgegeben wurde.

Wir dürfen wohl mit Recht annehmen, daß diese aus der Feder des großen Physikers *Wolfgang Gaede* stammende Schrift einen noch wesentlich größeren Interessentenkreis finden wird, und danken daher der Firma *E. Leybold's Nachfolger* für ihr großzügiges Einverständnis zur Veranstaltung dieser Ausgabe.

München, im September 1950

Der Verlag

GASBALLASTPUMPEN

UND

VAKUUMTECHNIK

DES DAMPFES

INHALT

1. DER GASBALLAST

Die rotierenden Ölluftpumpen verdanken ihre große Verbreitung ihrer Unverwüstlichkeit und dem hohen Endvakuum, das sich beim Absaugen von Luft erreichen läßt. Ihr Nachteil liegt in einer großen Empfindlichkeit gegenüber Dämpfen. Beim Absaugen von Dämpfen, beispielsweise bei einer Vakuumdestillation, versagt die Ölluftpumpe nach kurzer Betriebszeit. Die Dämpfe kondensieren beim Kompressionsvorgang innerhalb der Pumpe, und das Kondensat verunreinigt das Pumpenöl. Die in dieser Abhandlung beschriebenen Gasballastpumpen sind rotierende Ölluftpumpen, die gegen das Absaugen von Dämpfen unempfindlich gemacht sind. Der Verfasser erreichte dies dadurch, daß eine gewisse Menge frischer Luft den Saugkammern der Pumpe zugeführt wird. Diese Luft, die im folgenden als Gasballast bezeichnet wird, spült den Dampf aus der Pumpe heraus, bevor eine Kondensation eintreten kann. Der Gasballast wird durch ein Ventil, das Gasballastventil, eingelassen. Bei offenem Gasballastventil arbeitet die Pumpe als Gasballastpumpe und ist befähigt, Dämpfe abzusaugen. Bei geschlossenem Gasballastventil arbeitet die Pumpe als einfache Ölluftpumpe und erzeugt beim Absaugen von Luft ein hohes Vakuum.

Die Firma *E. Leybold's Nachfolger* in Köln hat in den letzten Jahren die Gasballastpumpe auf Grund ihrer reichen Betriebserfahrung technisch so vervollkommnet, daß man sagen kann: Die Gasballastpumpen vereinen den Vorteil normaler, rotierender Ölluftpumpen, ein hohes Endvakuum zu geben, mit der Möglichkeit, Dämpfe ohne Beeinträchtigung des Pumpvorganges abzusaugen.

2. DIE MASSEINHEITEN DER VAKUUMTECHNIK — DIE EINHEIT 1 GER

Otto von Guericke, der Erfinder der Luftpumpe, war der erste, der die Notwendigkeit einer Messung des Vakuums erkannte. Das historisch bedeutungsvolle Vakuummeter Guerickes ist durch die Schnittzeichnung Abb. 1 dargestellt. Ein Glasgefäß *A* ist in die Metallfassung *b* eingekittet. In die gleiche Fassung *b* ist ein Glasrohr luftdicht eingesetzt, das bei *c* geschlossen und bei *d* offen ist. Über einen Metallkonus *e* ist das Vakuummeter mit der Pumpe verbunden. Das Glasgefäß *A* ist bis über die Mitte mit Wasser gefüllt. Die Öffnung *d* des Glasrohres ist etwas zur Wand verschoben, damit die Öffnung *d* nicht aus dem Wasser herauskommt, wenn man das Vakuummeter horizontal legt oder auf den Kopf stellt. Vor der Messung wurde das Wasser fast zwei Wochen lang durch mehrmaliges Evakuieren luftfrei gemacht. Dann wurde das Instrument im evakuierten Zustand auf den Kopf gestellt, so daß das Rohr *cd* sich mit Wasser füllte. In die richtige Lage zurückgebracht, blieb zunächst die Wassersäule trotz des Vakuums in der Röhre oben bei *c* hängen. Durch einen Schlag gegen das Glasrohr *cd* löste sich die Wassersäule

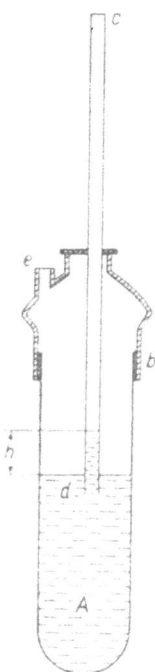

Abb. 1
GUERICKEs
Vakuummeter

vom Glas ab, wobei die große Länge der Wassersäule die Ablösung erleichterte. Die Wassersäule fällt bis zur Höhe h. Guericke gibt als Ursache für die beobachtete Höhe h der Wassersäule den im evakuierten Raum noch vorhandenen Luftdruck an.

In unserem heutigen Sprachgebrauch gibt h den Teildruck der Luft. Im Gefäß A lastet auf der Wasseroberfläche die Spannkraft des Wasserdampfes vermehrt um den Teildruck der Luft, im Rohr cd dagegen lastet auf der Wasseroberfläche lediglich die Spannkraft des Wasserdampfes. Da die beiden Wasseroberflächen die gleiche Temperatur haben, sind auch die Spannkräfte der Wasserdämpfe gleich groß. Die gemessene Differenz entspricht dem Teildruck der Luft.

Guerickes Luftpumpe fand ihre erste technische Anwendung in großem Maßstab bei der Niederdruckdampfmaschine. Die in der Dampfmaschinentechnik eingeführte Druckeinheit ist die technische Atmosphäre = 1 Kilogramm-Gewicht auf 1 cm². Das Vakuum wird angegeben in Prozenten der erzielten Druckerniedrigung. Je größer die Prozentzahl, desto besser das Vakuum.

In den physikalischen Laboratorien ermöglichte die hervorragende Eignung des Quecksilbers für Vakuumarbeiten die Konstruktion außerordentlich wirksamer Quecksilberluftpumpen (*Töpler, Sprengel, Gaede*). Diese physikalischen Luftpumpen geben ein millionenfach höheres Vakuum als die zuerst genannten technischen Luftpumpen. Zur Messung dieses hohen Vakuums wird ebenfalls Quecksilber verwendet: das Quecksilbermanometer und das *Mac-Leod*sche Kompressionsmanometer. Bei diesen Instrumenten besteht die Druckmessung im Ablesen des Höhenunterschiedes zweier Quecksilberkuppen mittels des Millimetermaßstabes.

Aus diesem Meßverfahren ergibt sich von selbst für Vakuummessungen die physikalische Druckeinheit „1 mm Quecksilbersäule". Diese Druckeinheit wird in den letzten Jahren zum Andenken an *Torricelli* „Torr" benannt. Auch die physikalische Druckeinheit 1 Atmosphäre ist auf Quecksilber als Meßflüssigkeit bezogen (760 mm QS).

Die Quecksilberluftpumpen zeitigten große Entdeckungen: Elektronen, Röntgenstrahlen usw. Die Technik macht die neuen Entdeckungen dem praktischen Leben nutzbar: Elektronenröhren, Röntgenröhren usw. und deren praktische Anwendungen. Die Hochvakuumtechnik verwendet zur Betriebskontrolle Meßinstrumente hoher Empfindlichkeit, die den Gesamtdruck aller Gase und Dämpfe unmittelbar abzulesen gestatten: das Ionisationsmanometer und das Wärmeleitungsmanometer. Diesen Meßinstrumenten ist gemeinsam, daß zur Konstruktion keine Meßflüssigkeiten, sondern nur feste Körper verwendet sind, die keinerlei Dampfspannung aufweisen. Eine neuzeitliche technische Hochvakuumanlage ist ganz frei von Quecksilber. Damit hat die Technik keine Veranlassung mehr, die Druckangabe auf Quecksilber als Meßflüssigkeit zurückzuführen. In Amerika wurde vorgeschlagen, vom absoluten Maßsystem Gebrauch zu machen und die abs. Einheit $1 \, \text{Dyn} \cdot \text{cm}^{-2}$ als „Bar" zu bezeichnen. Diese Bezeichnung kollidiert indessen mit der von den Meteorologen zur Messung des Atmosphärendrucks vorgeschlagenen und anerkannten Einheit $1 \, \text{Bar} = 10^5 \, \text{Dyn} \cdot \text{cm}^{-2}$. Wir wollen hier das Maßsystem der Vakuumtechnik anschließen an das schon vorhandene technische Maßsystem, so daß die Technik über ein einheitliches Maßsystem verfügt. In der Technik ist die Maßeinheit für die großen Drucke die technische Atmosphäre, das ist der von 1 Kilogrammgewicht auf die Flächeneinheit ausgeübte Druck oder, was dasselbe ist: der hydrostatische Druck einer Wassersäule von 1000 cm Höhe und der Temperatur 4^0 C. Entsprechend verwenden wir als Maßeinheit in der Vakuumtechnik für die Messung der kleinen Drucke den hydrostatischen Druck einer Wassersäule von 1 cm Länge. Der Unterschied zwischen dem bisher üblichen Maßsystem der Vakuumphysik und dem neuen Maßsystem der Vakuumtechnik besteht somit darin, daß die Vakuumphysik die Drucke angibt als Länge einer Quecksilbersäule, die Vakuumtechnik als Länge einer Wassersäule. Es empfiehlt sich, die neue Druckeinheit 1 cm Wassersäule mit einem kurzen Namen zu bezeichnen und nach dem Forscher zu benennen, der zum erstenmal diese Druckeinheit in die Vakuumtechnik eingeführt hat. Nach seinem Taufnamen Otto Gericke bezeichnen wir die Druckeinheit 1 cm Wassersäule als „1 Ger".

Die neue Einheit „1 Ger" stellt die Verbindung her zu dem Urheber der Vakuumtechnik *Otto von Guericke*. Seine Bedeutung in der Reihe großer Naturforscher ist anläßlich der 250. Wiederkehr seines Todestages im Jahre 1936 von *Schimank* und von *Kossel* eingehend gewürdigt[1]). Wie revolutionär seinerzeit das aus seinen Experimenten abgeleitete Weltbild wirkte, ist daran zu erkennen, daß er den erbittertsten Angriffen der auf der Aristotelischen Naturphilosophie fußenden Peripathetiker ausgesetzt war. Ihren Anfeindungen

[1]) *Schimank*, Z. f. techn. Physik 17, S. 209 (1936). *Kossel*, Z. f. techn. Physik 17, S. 345 (1936). In diesen Abhandlungen sind auch die das Guerickesche Vakuummeter darstellenden Kupferstiche wiedergegeben. Diese Kupferstiche zusammen mit der Guerickeschen Beschreibung waren die Unterlagen zur Anfertigung der Schnittzeichnung Abb. 1.

hielt Guericke seinen uns heute zur Selbstverständlichkeit gewordenen Grundsatz entgegen: „Wo man Tatsachen reden lassen kann, braucht man keine gekünstelten Hypothesen." Seine Luftpumpenversuche wirkten nicht als spezielles wissenschaftliches Forschungsergebnis, sondern als eine Neugestaltung der damaligen Weltanschauung, und es fehlte auch nicht an einem großen Kreis zeitgenössischer Bewunderer. Als ihr Wortführer kann der Jesuitenpater Professor *Schott* aus Würzburg gelten mit seiner Schrift „Von den Magdeburgischen Versuchen": „Ich stehe nicht an, aufrichtig zu bekennen und es keck herauszusagen, daß ich noch niemals in dieser Art etwas Wunderbareres gesehen, gehört, gelesen oder gedacht habe: ja ich glaube, daß seit der Weltschöpfung die Sonne nichts Ähnliches, geschweige denn Wunderbareres beschienen hat." Für die große Bedeutung Guerickes auf das Erblühen des modernen naturwissenschaftlichen Zeitalters hat *Conrad Matschoß* in seinem Buch „Große Ingenieure" folgende Worte gefunden: „Worin aber besteht die große geistige Bedeutung Guerickes für unsere Zeit? Weshalb haben die deutschen Ingenieure über die Tür ihres Hauses in Berlin das Standbild Guerickes gesetzt? Weil Guericke durch seine unmittelbare Fragestellung an die Natur, durch die hohe Einschätzung des Versuchs, als Ingenieur uns den Weg geführt hat in das heutige Land naturwissenschaftlicher Erkenntnis und technischer Arbeit."

So erscheint es durchaus berechtigt, daß Guerickes Name in seinem von ihm neu erschlossenen wissenschaftlichen Arbeitsgebiet durch die Druckeinheit „1 Ger" verankert wird. In der vorliegenden Abhandlung ist von der neuen Maßeinheit 1 Ger Gebrauch gemacht.

Der Zusammenhang der neuen Einheit 1 Ger mit den schon vorhandenen Druckeinheiten ist aus der hier folgenden Zusammenstellung der Druckeinheiten in der Vakuumtechnik ersichtlich (Tabelle I).

TABELLE I

ZUSAMMENSTELLUNG DER DRUCKEINHEITEN IN DER VAKUUMTECHNIK

1 Kiloger (kGer) $= 10^3$ Ger $= 1$ technische Atmosphäre $= 1$ Kilogramm-Gewicht auf $1\,cm^2 = 10^3$ cm Wassersäule $= 735$ mm Quecksilbersäule $= 981 \cdot 10^3$ Dyn $\cdot$ cm$^{-2} = 0,981$ Bar (meteorologisch).

1 Ger $= 1$ Gramm-Gewicht auf $1\,cm^2 = 1$ Pond/cm$^2 =$ 1 cm Wassersäule $= 0,735$ mm Quecksilbersäule $= 0,735$ Torr $= 980,665$ Dyn $\cdot$ cm^{-2}.

1 Milliger (mGer) $= 10^{-3}$ Ger $= 0,980665$ Dyn $\cdot$ cm^{-2}.

Der Unterschied zwischen den technischen und absoluten Druckeinheiten ist kleiner als 2%. Es ist 1 Milliger $= (1 - 0,019)$ Dyn $\cdot$ cm^{-2}. Die absoluten Angaben der zur Zeit gebräuchlichen technischen Vakuummeter sind durchweg mit Eichfehlern von mehr als 2% behaftet. Demnach ist eine Eichung in Milliger praktisch nicht zu unterscheiden von einer Eichung in Dyn $\cdot$ cm^{-2}. Eine Verschmelzung der technischen und absoluten Druckeinheiten wird erreicht, wenn man den Normalwert für die Erdbeschleunigung $g = 981$ cm $\cdot$ sec^{-2} abrundet auf $g = 10^3$ cm $\cdot$ sec^{-2}. Dann ist 1 Milligrammgewicht $= 1$ Dyn, 1 Milliger $= 1$ Dyn $\cdot$ cm^{-2} und 1 technische Atmosphäre $= 1$ meteorologische Atmosphäre (Bar) $= 10^6$ Dyn $\cdot$ cm^{-2}. Der abgerundete Normalwert $g = 10^3$ cm $\cdot$ sec^{-2} umgeht die logische Schwierigkeit, daß die als „Gravitationskonstante" bezeichnete Größe $g = 981$ cm · sec^{-2} überhaupt keine Konstante ist, sondern auf der Erdoberfläche um mehr als $\frac{1}{2}\%$ variiert. Die Gravitation g variiert mit der vom Pol zum Äquator zunehmenden Zentrifugalkraft infolge der Erdrotation, mit den zufälligen Inhomogenitäten der Erdkruste und mit dem vertikalen Abstand von der Erdoberfläche bzw. mit dem Abstand vom Erdmittelpunkt. Außerdem ist die Gravitation zeitlichen Schwankungen unterworfen (Gezeiten). Das Gewicht $g \cdot m$ der Masse m an einer bestimmten beliebigen Stelle der Erde ist keinesfalls $980{,}665 \cdot m$, sondern man muß in Tabellenwerken nachschlagen, wie groß der an der betreffenden Stelle der Erde gemessene Wert von g ist und dann mit diesem Zahlenwert von g die Masse m multiplizieren. Wenn es somit grundsätzlich unmöglich ist, mit Annahme einer Konstanten für g das Gewicht $g \cdot m$ der Masse m zu bestimmen, so ist es am besten, den Normalwert für g so festzusetzen, daß das Maßsystem möglichst einfach wird, und das ist $g = 10^3$ cm · sec^{-2}. Ein reales Vorkommen der Erdbeschleunigung $g = 10^3$ cm · sec^{-2} ergibt sich gemäß der *Bouguer*schen Reduktion für eine Tiefe von etwa 10^5 m unter der Erdoberfläche, das ist an der Unterseite der Erdkruste. Der abgerundete Wert $g = 10^3$ cm · sec^{-2} bedeutet für die Vakuumtechnik eine außerordentliche Vereinfachung, weil dann die theoretischen Rechnungen unmittelbar für die Praxis verwendbar sind, während bisher stets eine Umstellung des Maßsystems wegen der Zahlenwerte für die Erdbeschleunigung $g = 981$ cm · sec^{-2} und für die Dichte des Quecksilbers $13{,}6$ notwendig war. Eine Änderung des Zahlenwertes von g wirkt sich in der Technik lediglich bei Wärmekraftmaschinen aus: bei der Druckmessung in technischen Atmosphären und bei der Leistungsmessung in Pferdestärken. Diese Messungen sind im praktischen Betrieb keine Präzisionsmessungen und es kommt auf 2 % nicht an, ebenso wie man bisher den Unterschied von ½ % in verschiedenen geographischen Breiten nie berücksichtigt hat. Eine Umstellung des Zahlenwertes $g = 981$ cm $\cdot$ sec^{-2} auf den technischen Normalwert $g = 10^3$ cm $\cdot$ sec^{-2} bringt keine Störung im praktischen Betriebe, vereinfacht aber außerordentlich die Druckangaben in der Vakuumtechnik und wäre deshalb sehr zu begrüßen.

3. WIRKUNGSWEISE DER GASBALLASTPUMPE

Die Gasballastpumpe. Bei der Drehschieberpumpe gemäß Abb. 2 läuft der Rotor A in Pfeilrichtung im Gehäuse G um. Die im Schlitz des Rotors A beweglichen Schieber F und F' werden durch die Schleuderkraft nach außen gedrückt und berühren dauernd die zylindrische Innenwand des Gehäuses G. Bei Rotation in Pfeilrichtung wird die Luft aus dem bei C angeschlossenen Rezipienten angesogen, durch den Schieber F in Pfeilrichtung zur Rückschlagklappe R gedrängt und bei R in die freie Luft ausgestoßen. Durch die Öffnung B wird während des Pumpens dauernd atmosphärische Luft als Gasballast eingelassen. Die Öffnung B ist an einer solchen Stelle angebracht, daß die Schieber F und F' ein Überströmen des Gasballastes in den Ansaugstutzen C verhindern. Die Öffnung B ist durch ein Ventil, das Gasballastventil, verschließbar, so daß die Pumpe mit und ohne Gasballast betrieben werden kann. An der Kante m geht das Ansaugrohr C über in das Gehäuse G. An der Kante n geht das Gehäuse G über in den Ventilraum V.

Das Polarkoordinatensystem. In Abb. 2 stellen die punktiert gezeichneten Kreise und Geraden und die Spirallinien nicht Teile der Pumpe dar, sondern ein Polarkoordinatensystem zur Angabe der Drucke innerhalb der Pumpe. Die Kreise

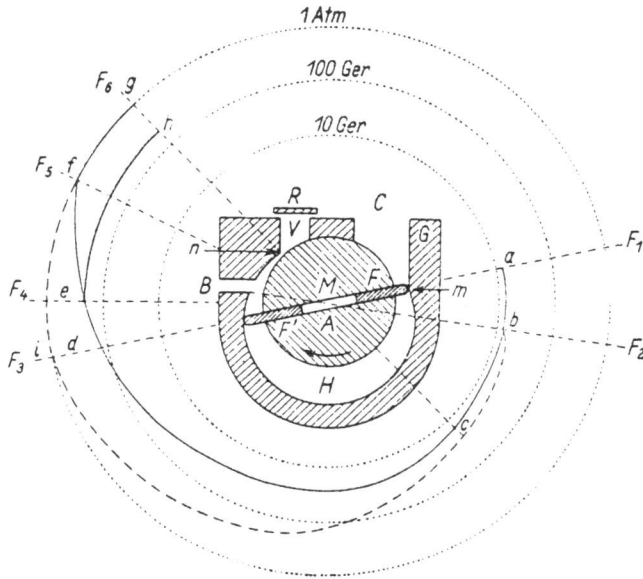

Abb. 2

Druckkurven der Gasballastpumpe

$a - b - c - d - e - f - g$ Druckkurve der Luft ohne Gasballast

$a - b - c - d - e - h$ Druckkurve des Wasserdampfes ohne Gasballast

$a - b - i - f - g$ Druckkurve des Wasserdampfes mit Gasballast

bedeuten die Drucke 10 Ger, 100 Ger und 1 Atmosphäre. Die mit F_1 bis F_6 bezeichneten Radien gehen vom Drehpunkt M aus und geben charakteristische Stellungen des Schiebers F während der Rotation des Rotors R an. F_1 gibt den Augenblick, in dem der Schieber F die Kante m berührt und somit den bei C angeschlossenen Rezipienten vom Schöpfraum H der Pumpe trennt. H ist der Hohlraum, der vom Rotor A, dem Gehäuse G und den beiden Schiebern F und F' eingeschlossen ist. Das in dem Hohlraum H enthaltene Gas wird während der Rotation durch die Verkleinerung des Hohlraumes H verdichtet. Die Drucke in dem Hohlraum H sind in das Polarkoordinatensystem mit logarithmischer Teilung eingetragen und ergeben die Spirallinien der Abb. 2 als Druckkurven. Die Schnittpunkte der Radiusvektoren F_1 bis F_6 mit diesen Druckkurven sind mit den kleinen Buchstaben *abcdefghi* bezeichnet und geben den Druck an, der bei der betreffenden Stellung des Flügels F in dem Raum H herrscht. In Abb. 2 sind drei verschiedene Druckkurven eingezeichnet: 1. Die Kurve *abcdefg* bezieht sich auf das Absaugen von Luft bei geschlossenem Gasballastventil. 2. Die Kurve *abcdeh* bezieht sich auf das Absaugen von Wasserdampf bei geschlossenem Gasballastventil. 3. Die Kurve *abifg* bezieht sich auf das Absaugen von Wasserdampf bei offenem Gasballastventil. Dabei ist angenommen, daß sich die Pumpe auf einer Betriebstemperatur von 60° C befindet.

Die Druckkurve für Luft bei geschlossenem Gasballastventil. Die Kurve *abcdefg* gibt den Verlauf des Druckes beim Absaugen von Luft ohne Gasballast wieder. Der Druck bei a (Schieberstellung F_1) ist gültig sowohl für den Hohlraum H als auch für den Rezipienten, weil in diesem Augenblick der Abschluß durch den Schieber F erfolgt; dieser Druck hat den Zahlenwert 13 Ger. Von Schieberstellung F_1 bis F_2 erfolgt keine Volumenänderung von H und somit auch keine Kompression. Die Kompression beginnt kurz nach Über-

21

schreiten der Schieberstellung F_2. Bei d (Schieberstellung F_3) ist der Druck gestiegen auf 136 Ger, bei e auf 205 Ger. Hierbei ist stets isotherme Kompression vorausgesetzt. Bei f (Schieberstellung F_5) ist Atmosphärendruck erreicht. Jetzt öffnet sich das Rückschlagventil R und läßt den Luftinhalt aus H in die freie Atmosphäre entweichen, so daß von f bis g kein weiterer Druckanstieg erfolgt. Bei g ist das Ende der Druckkurve erreicht, weil bei Schieberstellung F_6 der Schieber F die Kante n berührt und der ganze Luftinhalt aus der Pumpe ausgestoßen ist.

Am Kurvenpunkt c (Schieberstellung F_6) haben die Pumpen dieser Art einen Drucksprung, der in Abb. 2 nicht eingezeichnet ist. Er entsteht in dem Augenblick, in dem die unter Atmosphärendruck stehende Ventilkammer V mit dem evakuierten Hohlraum H verbunden wird, indem der Flügel F' die Kante n überschreitet (Flügelstellung F_6). Die von V nach H übertretende Luftmenge ist um so kleiner, je vollkommener die Ventilkammer V mit Öl angefüllt war.

Die Druckkurve für Wasserdampf bei geschlossenem Gasballastventil. Die Kurve *abcdeh* gibt den Verlauf des Druckes beim Absaugen von Wasserdampf ohne Gasballast wieder. Der Dampfdruck bei a ist ebenso groß wie der Luftdruck im ersten Beispiel, also gleich 13 Ger. Die Betriebstemperatur der Pumpe ist 60° C. Der Wasserdampf ist alsdann zwischen den Schieberstellungen F_1 bis F_4 ein überhitzter Dampf und folgt den Gasgesetzen, so daß die Wasserdampfkurve zusammenfällt mit der Luftdruckkurve *abcde*. Der im Punkt e (Schieberstellung F_4) erreichte Druck 205 Ger stimmt überein mit dem Sättigungsdruck 205 Ger des Wasserdampfes bei der

Betriebstemperatur der Pumpe von 60° C. Die weitere Volumenverringerung des Dampfraumes H ist infolge teilweiser Kondensation des Wasserdampfes mit keiner Drucksteigerung verbunden, sondern der Druck bleibt zwischen den Flügelstellungen F_4 und F_6 konstant gleich dem Sättigungsdruck 205 Ger des Wasserdampfes. Die Kurve konstanten Druckes ist dargestellt durch den Kreisbogen *eh*. Der atmosphärische Überdruck hält das Ventil R geschlossen, so daß der im Raum H enthaltene Wasserdampf nicht ausgestoßen werden kann, sondern schließlich restlos kondensiert. Mit der Zeit reichert sich das Wasser in der Pumpe an unter Bildung einer Wasser-Öl-Emulsion. Der Rotor R verschmiert die Emulsion in den Saugraum C der Pumpe. Hier verdampft das in der Emulsion enthaltene Wasser von neuem und verhindert das Zustandekommen eines guten Vakuums.

Die Druckkurve für Wasserdampf bei offenem Gasballastventil. Die Kurve *abifg* gibt den Verlauf des Druckes beim Absaugen von Wasserdampf mit Gasballast wieder. Der Wasserdampf wird ebenso wie bei dem vorhergehenden Beispiel beim Druck 13 Ger angesaugt. Auf dem Kurvenstück *a—b* (Schieberstellung F_1 bis F_2) bleibt der Druck konstant 13 Ger. Bei der Schieberstellung F_2 gleitet der Schieber F' über die Gasballastöffnung B hinweg und läßt die Ballastluft in den Hohlraum H eintreten. Infolgedessen zeigt die Druckkurve bei *b* (Schieberstellung F_2) einen Knick. Die bei *b* beginnende gestrichelte Kurve gibt den Gesamtdruck des Dampfes vermehrt um den Druck des einströmenden Luftballastes. Der Teildruck des Wasserdampfes in diesem Dampf-Luft-Gemisch ist gegeben durch die oben besprochene

Kurve *bcd*. Die Druckkurve des Gemisches erreicht bei *i* (Schieberstellung F_3) Atmosphärendruck. In diesem Augenblick öffnet sich das Rückschlagventil *R* und läßt das Dampf-Luft-Gemisch aus dem Hohlraum *H* in die freie Atmosphäre entweichen. Von *i* bis *g* (Schieberstellung F_3 bis F_6) erfolgt kein weiterer Druckanstieg, und zwar gilt dies nicht nur für den Gesamtdruck des Gemisches, sondern auch für den Teildruck des Wasserdampfes. Dieser Teildruck des Wasserdampfes ist gegeben durch den Schnittpunkt des Radiusvektors F_3 mit der Teildruckkurve des Wasserdampfes, das ist durch den Punkt *d*. Der Druck *d* ist somit der höchste Wert, den der Teildruck des Wasserdampfes in der Pumpe erreicht. Eine Kondensation ist verhindert, wenn der Teildruck *d* kleiner ist als der Sättigungsdruck des Wasserdampfes. Bei *d* ist der Teildruck des Wasserdampfes 136 Ger. Der Sättigungsdruck des Wasserdampfes bei der Temperatur der Pumpe (60° C) ist 205 Ger. Somit ist der Teildruck *d* kleiner als der Sättigungsdruck, die Kondensation ist damit verhindert. Die beschriebene Wirkung des Gasballastes ist nicht auf den Pumpentyp der Abb. 2 beschränkt, sondern allgemein anwendbar.

4. KONSTRUKTION DER GASBALLASTPUMPEN

Gasballastpumpen nach dem Drehschieberprinzip. Die Schnittzeichnung Abb. 3 zeigt eine Gasballastpumpe nach dem Drehschieberprinzip der Firma *E. Leybold's Nachfolger* in Köln. Diese Pumpe arbeitet nach demselben Prinzip wie die in Abb. 2 dargestellte Pumpe. In dem Schlitz des Rotors *2* gleiten die Schieber *3* und werden durch die Schleuderkraft

Abb. 4

Gasballastpumpe nach dem Drehschieberprinzip
(Ansicht)

Abb. 5
Gasballastpumpe nach dem Drehkolbenprinzip
(Ansicht)

und zusätzlich durch eine Feder gegen die Innenwand des Gehäuses *1* gedrückt. Die Drehung des Rotors *2* in Pfeilrichtung bewirkt, daß die Luft bei *4* angesogen und durch das Rückschlagventil *5* hindurch ausgestoßen wird. Das Rück-

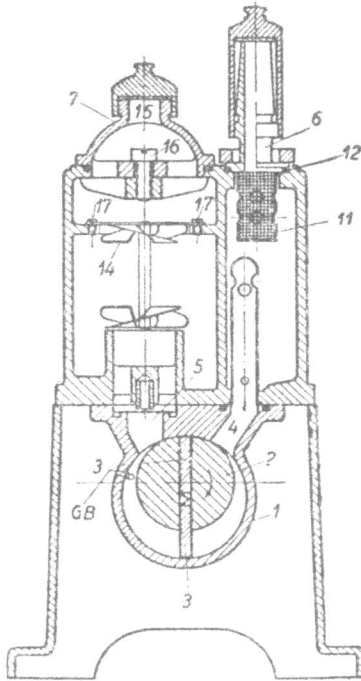

Abb. 3
Gasballastpumpe nach dem Drehschieberprinzip
(Schnittzeichnung)

schlagventil *5* ist zum Zweck der Schmierung und Abdichtung mit Öl bedeckt. *GB* ist die Eintrittsöffnung für den Gasballast in das Innere der Pumpe. *6* ist die Saugdüse, *11* der Schmutzfänger, *14* der Ölabscheider und *7* die Druckdüse.

Saugdüse *6* und Druckdüse *7* tragen gemäß Abb. 3 beim Transport je eine Schutzkappe.

Die Außenansicht dieser Gasballastpumpe gibt Abb. 4 wieder. Es ist *9* das Gasballastventil und *13* die Verschlußschraube. Wenn man den Verschluß *13* öffnet, arbeitet die Pumpe als Gasballastpumpe und ist befähigt, Dämpfe abzusaugen. Wenn man den Verschluß *13* schließt, arbeitet die Pumpe als gewöhnliche Ölluftpumpe und gibt beim Ansaugen trockener Gase ein hohes Vakuum. Wiederum ist *6* die Saugdüse und *7* die Druckdüse.

Die Gasballastpumpen nach dem Drehschieberprinzip werden zur Zeit in drei Größen ausgeführt, den Modellen IV, VI und XI (vgl. Tabelle II). Die Außenansicht dieser drei Modelle stimmt mit Abb. 4 (s. Tafel nach Seite 24) überein.

Gasballastpumpen nach dem Drehkolbenprinzip. Abb. 5 (s. Tafel vor Seite 25) zeigt die Gasballastpumpe Modell XIII der Firma *E. Leybold's Nachfolger* in Köln im Schnitt. Auf der in der Mitte des Gehäuses *3* rotierenden Welle ist der Exzenter *1* befestigt. Bei der Rotation des Exzenters *1* in Pfeilrichtung wird der Drehkolben *2* mitgenommen und gleitet längs der Gehäusewand *3*. Der Schieber *7* ist mit dem Drehkolben *2* fest verbunden und gleitet zwischen den in dem Gehäuse *3* drehbaren Lamellen *9* hin und her. Die abzusaugende Luft tritt durch den Ansaugstutzen *6* ein und gelangt durch die Bohrung des Flachschiebers *7* in den Raum *8*. Bei einem einmaligen Umlauf in Pfeilrichtung ist die Luft vom Raum *8* in den Raum *4* übergetreten. Die Luft wird vom Drehkolben *2* aus dem Raum *4* durch das Rückschlagventil *5* hindurch ausgestoßen und verläßt die Pumpe durch den Auspuffstutzen *12*. Das Rückschlagventil *5* ist zur Abdichtung mit Öl bedeckt. Dieses Öl dient gleichzeitig als Ölvorrat zur Schmierung der Pumpe. *19* ist der Schmutzfänger und *21* der Ölabscheider. Bei *a* tritt der Gasballast in den Raum *4* ein. Bei offenem Gas-

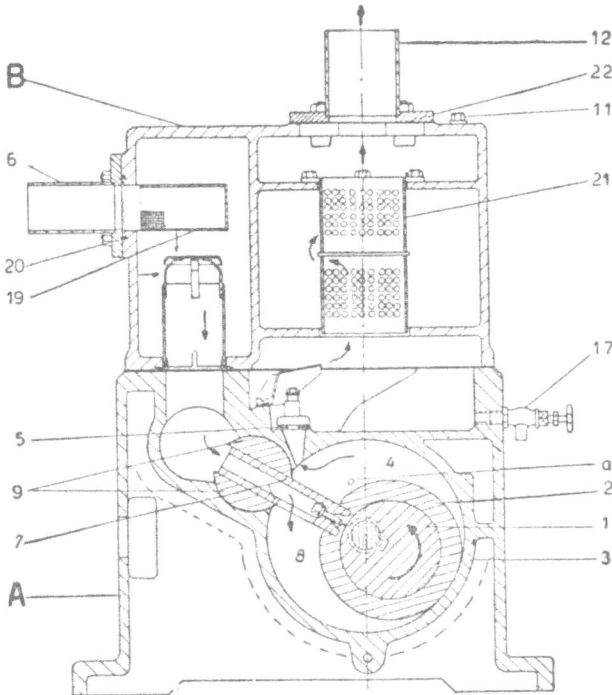

Abb. 6
Gasballastpumpe nach dem Drehkolbenprinzip
(Schnittzeichnung)

ballastventil arbeitet die Pumpe als Gasballastpumpe zum Ansaugen von Dämpfen. Bei geschlossenem Gasballastventil ist die Pumpe eine gewöhnliche Ölluftpumpe. Die Gasballastpumpe nach dem Drehkolbenprinzip wird zur Zeit in zwei Größen

ausgeführt, den Modellen XIII und XIV (vgl. Tabelle II).
Abb. 6 ist die Außenansicht dieser beiden Modelle.

Zweistufige Gasballastpumpen. Abb. 7 zeigt die zweistufigen
Gasballastpumpen in schematischer Darstellung. G ist die
oben beschriebene Gasballastpumpe nach dem Drehschieber-
prinzip mit dem Gasballastventil B, der Saugdüse S und der
Druckdüse D. Zur Verbesserung des Vakuums dient die
Pumpe F von gleicher Bauart und gleicher Größe. Die
Pumpe F hat kein Ballastventil und wird durch die gemein-

TABELLE II*)

LEISTUNG DER VERSCHIEDENEN
GASBALLASTPUMPEN

Modell	B-Ventil	S l/sec	T^0	L_0 Ger	D_0 Ger
$S\,2/IV$	zu	0,55	45	0,003	0,07
$S\,2/IV$	auf	0,55	60	< 1	—
$D\,2/V$	zu	0,55	50	0,00001	0,007
$D\,2/V$	auf	0,55	70	$< 0,07$	—
$S\,10/VI$	zu	2,8	55	0,003	0,07
$S\,10/VI$	auf	2,8	85	< 1	—
$S\,5/XI$	zu	1,4	45	0,003	0,07
$S\,5/XI$	auf	1,4	75	< 1	—
$D\,5/XII$	zu	1,4	50	0,00001	0,007
$D\,5/XII$	auf	1,4	80	$< 0,07$	—
$S\,50/XIII$	zu	14	60	0,003	0,07
$S\,50/XIII$	auf	14	80	< 1	—
$S\,150/XIV$	zu	40	70	0,003	0,07
$S\,150/XIV$	auf	40	80	< 1	—

*) In der Zwischenzeit sind folgende Pumpentypen hinzugekommen:

Modell	S l/sec	Bemerkungen
$D\,10/VII$	2,8	zweistufige Drehschieberpumpe
$S\,600/XV$	160	einstufige Drehkolbenpumpe
$S\,300/XVI$	80	einstufige Drehkolbenpumpe

same Welle W angetrieben. Die Druckdüse d der Pumpe F ist durch das Rohr R mit der Saugdüse S der Pumpe G verbunden. Das an der Saugdüse s der Pumpe F gemessene Vakuum ist um ein bis zwei Zehnerpotenzen besser, als das von der Gasballastpumpe G allein erzeugte Vakuum. Die zweistufige Gasballastpumpe Abb. 7 wird zur Zeit in zwei Größen ausgeführt, den Modellen V und XII (vgl. Tabelle II). Das äußere Aussehen dieser beiden Pumpen entspricht weitgehend ebenfalls der Abb. 4.

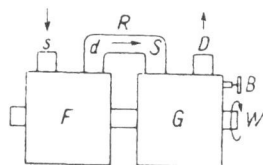

Abb. 7
Gasballastanordnung bei einer zweistufigen Pumpe

Leistung der Gasballastpumpen. In Tabelle II sind die Gasballastpumpen zusammengestellt, die zur Zeit von der Firma *E. Leybold's Nachfolger* in Köln fabriziert und auf den Markt gebracht werden. An erster Stelle ist die Modellnummer der Gasballastpumpe angegeben*). An zweiter Stelle ist verzeichnet, ob die Gasballastpumpe ohne Gasballast (*B*-Ventil zu) oder mit Gasballast (*B*-Ventil auf) geprüft wurde. An dritter Stelle steht die Sauggeschwindigkeit S, gemessen in Liter durch Sekunde. An vierter Stelle steht unter T die Temperatur der Pumpe, die nach genügend langer Betriebsdauer end-

---

*) und zwar hier zusätzlich zur sonst in dieser Arbeit allein gebrauchten bisherigen Modellnummer auch die neue Modellnummer, die angibt, ob die Pumpe einstufig (S) oder zweistufig (D) ausgeführt ist, und wie groß die Saugleistung der Pumpe, gemessen in cbm/h, ist.

gültig erreicht wird. An fünfter und sechster Stelle ist das erreichbare Endvakuum angegeben. Nach langem Evakuieren sinkt der Druck bis zu einer bestimmten Grenze, dem Enddruck. Die Teildrucke von Luft und Dampf sind getrennt angegeben. L_0 ist der Enddruck der Luft. D_0 ist der Enddruck des Dampfes. Beide Drucke sind in Ger angegeben.

5. DER SCHUTZKÜHLER

Der Luftballast verhindert die Kondensation der abgesogenen Dämpfe um so wirksamer, je kälter die Dämpfe beim Eintritt

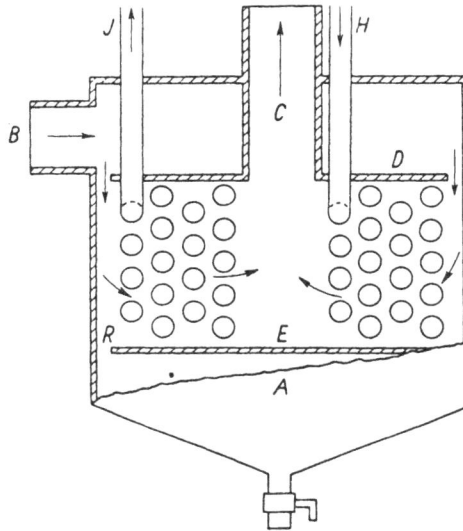

Abb. 8
Schutzkühler

in die Pumpe sind. Vor Eintritt in die Gasballastpumpe werden die Dämpfe zweckmäßig mit Hilfe einer Pumpenvorlage abgekühlt. Die Pumpenvorlage Abb. 8 besteht aus dem

Gehäuse A mit den Rohransätzen B und C. Im Innern des Gehäuses A ist das Kühlrohr R in vier Lagen unter Wahrung gleicher Zwischenräume aufgewunden. Das Rohr B wird mit der Dampfquelle, z. B. dem Vakuumdestillationsapparat, verbunden. Die Wände D und E zwingen den Dampf, dicht an den Kühlrohren R vorbei nach innen zu fließen. Ein geringer Anteil nicht kondensierten Dampfes wird zusammen mit den nicht kondensierbaren Gasen von der bei C angeschlossenen Gasballastpumpe abgesogen. Das Kühlwasser wird bei H zugeleitet und bei J abgeleitet, so daß das Kühlwasser und der Dampf im Gegenstrom geführt sind. Das Kondensat sammelt sich am Boden des Gehäuses A.

6. DER ZUM ABSAUGEN VON DAMPF THEORETISCH NOTWENDIGE GASBALLAST

Die Bezeichnungen für den Gesamtdruck (Totaldruck) und die Teildrucke (Partialdrucke) sind so gewählt, daß deutlich erkennbar ist, ob es sich um Gase oder Dämpfe handelt. Der Gesamtdruck wird mit P, der Teildruck des Gases (Luft) mit L und der Teildruck des Dampfes mit D bezeichnet. Dann lautet das *Dalton*sche Gesetz:

$$P = L + D. \tag{1}$$

Die Bezifferung der Drucke gibt an, auf welche Schieberstellung in Abb. 2 der Druck bezogen ist:

P_1 Gesamtdruck bei der Schieberstellung F_1, an der Saugdüse gemessen,

L_1 Teildruck des Gases bei der Schieberstellung F_1,

D_1 Teildruck des Dampfes bei der Schieberstellung F_1,

P_3 Gesamtdruck bei der Schieberstellung F_3. Der Druck P_3 entspricht der Stelle i der Gasballastkurve und ist somit im Zahlenbeispiel der Abb. 2 gleich dem Atmosphärendruck,

L_3 Teildruck des Gases bei der Schieberstellung F_3,

D_3 Teildruck des Dampfes bei der Schieberstellung F_3, in Abb. 2 ist D_3 gleich dem an der Stelle d der Dampfkurve herrschenden Dampfdruck,

S Sauggeschwindigkeit der Pumpe (gleich dem bei C, Abb. 2, in der Zeiteinheit einströmenden Volumen),

S_3 Schöpfraumvolumen in der Schieberstellung F_3 multipliziert mit der Umdrehungszahl, d. h. das innerhalb der Pumpe bei Schieberstellung F_3 in der Zeiteinheit geförderte Volumen. Nach Überschreitung der Schieberstellung F_3 oder des Punktes i (Abb. 2) wird das Gasballast-Dampf-Gemisch aus der Pumpe ausgestoßen. S_3 bedeutet somit erstens kurz vor der Überschreitung der Schieberstellung F_3 das in der Zeiteinheit innerhalb der Pumpe geförderte Volumen, und zweitens kurz nach der Überschreitung der Schieberstellung F_3 das in der Zeiteinheit aus der Pumpe ausgestoßene Volumen.

Im vorliegenden Abschnitt 6 ist vorausgesetzt, daß gasfreier Dampf vom Druck D_1 abgesogen wird. Somit ist $L_1 = 0$. Beim Übergang von Schieberstellung F_1 nach F_3 verkleinert sich der Kompressionsraum H in Abb. 2 und damit auch das innerhalb der Pumpe pro sec geförderte Volumen von S auf S_3. Entsprechend wächst der Druck von D_1 auf D_3. Setzen wir für die ungesättigten Dämpfe die Gültigkeit der Gasgesetze und eine isotherme Kompression voraus, so ist das Produkt von Druck und Volumen konstant, und wir erhalten:

$$S \cdot D_1 = S_3 \cdot D_3. \qquad (2)$$

32

B ist das durch das Ballastventil (B in Abb. 2) pro sec einströmende Luftvolumen, gemessen bei Atmosphärendruck A. Die in die Pumpe in der Zeiteinheit einströmende Gasballastmenge ist gegeben durch das Produkt aus dem Druck A und dem Ballastvolumen B, das ist $A \cdot B$. Die aus der Pumpe ausgestoßene Gasballastmenge ist das Produkt aus dem in der Zeiteinheit bei der Schieberstellung F_3 aus der Pumpe ausströmenden Volumen S_3 und dem Teildruck L_3 des Gasballastes, das ist $S_3 \cdot L_3$. Bei Schieberstellung F_3 ist $L_3 + D_3 = A$. Somit ist die ausgestoßene Gasballastmenge $S_3 \cdot (A - D_3)$. Die ein- und austretenden Gasballastmengen sind einander gleich, d. h.:

$$A \cdot B = S_3 \cdot (A - D_3). \tag{3}$$

Durch Elimination von S_3 aus den Gleichungen (2) und (3) folgt:

$$B = D_1 \cdot S \cdot \left(\frac{1}{D_3} - \frac{1}{A} \right). \tag{4}$$

D_s ist der Sättigungsdruck des Dampfes bei der Betriebstemperatur der Pumpe. Der Luftballast verhindert eine Kondensation, wenn in Abb. 2 das Gasballastgemisch den Atmosphärendruck bei i erreicht, bevor der Teildruck d des Dampfes den Sättigungswert e erreicht hat, d. h.: es muß der Teildruck D_3 im ausgestoßenen Luftballast kleiner sein als D_s. Eine Kondensation ist vermieden, wenn in Gleichung (4) der Druck D_3 die Bedingung erfüllt:

$$D_3 \leqq D_s \text{ und daraus ergibt sich: } B \geqq D_1 \cdot S \cdot \left(\frac{1}{D_s} - \frac{1}{A} \right). \tag{5}$$

Aus Gleichung (5) folgt, daß man mit einem um so kleineren Gasballastvolumen B auskommt, je kleiner der Ansaugdruck D_1 und je größer der Sättigungsdruck D_s ist. Damit unter allen Umständen D_1 klein ist, empfiehlt es sich, in die Saugleitung eine Pumpenvorlage gemäß Abb. 8 einzuschalten. Damit D_s groß ist, muß man die Gasballastpumpe zuerst warmlaufen lassen, bevor der Dampf beim Druck D_1 abgesogen wird.

Geheizte Pumpe. Eine Pumpe sei geheizt, und zwar so warm, daß D_s größer als A ist. Dann ist nach den Gleichungen (4) und (5) die Kondensation verhindert für $B = 0$. Man benötigt in diesem Sonderfalle keinen Gasballast und trotzdem erfolgt keine Kondensation. Pumpen dieser Art mit besonderer Heizung wurden eine Zeitlang von der Firma *E. Leybold's Nachfolger* in Köln hergestellt und in den Handel gebracht. Infolge der großen Überlegenheit der Gasballastpumpen wurde die Fabrikation der geheizten Pumpen wieder eingestellt.

Zahlenbeispiel. Wie groß ist das Ballastvolumen B in dem durch Abb. 2 dargestellten Fall? Die Sauggeschwindigkeit der Gasballastpumpe IV ist $S = 550 \, \mathrm{cm^3 \cdot s^{-1}}$. Bei Schieberstellung F_1 ist $D_1 = 13$ Ger. Bei Schieberstellung F_3 ist der Teildruck des Dampfes $D_3 = 136$ Ger (Punkt d der Dampfkurve). Es ist $A = 1000$ Ger. Gleichung (4) gibt mit diesen Zahlen $B = 46 \, \mathrm{cm^3 \cdot s^{-1}}$.

Experiment. Die Gasballastpumpe VI sog gasfreien Wasserdampf ab vom Druck $D_1 = 24$ Ger. Es erfolgte keine Kondensation innerhalb der Pumpe. Die Betriebstemperatur war 85° C. Das bei voll geöffnetem Ballastventil einströmende und gemessene Luftballastvolumen war $B = 280$ $\mathrm{cm^3 \cdot s^{-1}}$. Wie groß war in diesem Falle der kleinste, noch zulässige Wert von B? Bei der Betriebstemperatur 85° C ist der Sättigungsdruck von Wasserdampf $D_s = 590$ Ger. Den Mindestwert von B erhält man, wenn man in Gleichung

34

(5) setzt: $D_3 = D_s = 590$ Ger. Für Ballastpumpe VI ist $S = 2800 \text{ cm}^3 \cdot \text{s}^{-1}$. Es ist $A = 1000$ Ger. Gleichung (4) gibt mit diesen Zahlen $B = 46 \text{ cm}^3 \cdot \text{s}^{-1}$. Der tatsächlich in die Pumpe einströmende Luftballast war somit rd. sechsmal größer als unbedingt notwendig gewesen wäre.

7. DER ZUM ABSAUGEN EINES DAMPF-GAS-GEMISCHES THEORETISCH NOTWENDIGE GASBALLAST

Die Teildrucke des von der Gasballastpumpe abgesogenen Dampf-Gas-Gemisches sind D_1 und L_1. Durch Hinzukommen des Gases wird der Gesamtdruck auf das mehrfache des Dampfdruckes D_1, z. B. das n-fache erhöht. Es ist:

$$n \cdot D_1 = D_1 + L_1. \qquad (6)$$

Nach Gleichung (2) ist der bei Schieberstellung F_3 gemessene Druck D_3 proportional D_1. Somit ist der Druck D_3 ebenfalls auf das n-fache erhöht und beträgt nD_3. Ersetzt man in Gleichung (4) die Größen D_1 und D_3 durch nD_1 und nD_3, so erhält man:

$$B = nD_1 S \left(\frac{1}{nD_3} - \frac{1}{A} \right). \qquad (7)$$

Durch Elimination von n aus den Gleichungen (6) und (7) erhält man:

$$B = S \cdot \left(\frac{D_1}{D_3} - \frac{D_1 + L_1}{A} \right) \qquad (8)$$

Gleichung (8) zeigt, daß der zur Verhinderung der Kondensation notwendige Gasballast B um so kleiner ist, je größer der Teildruck L_1 des im Gemisch enthaltenen Gases ist im Vergleich zum Teildruck D_1 des Dampfes. Das beigemischte Gas kann bewirken, daß überhaupt kein Gasballast benötigt wird. Es wird $B = 0$, wenn der Klammerausdruck in Gleichung (8) verschwindet. Außerdem muß Gleichung (5) erfüllt sein. Somit ist die Bedingung dafür, daß kein Gasballast benötigt wird, gegeben durch die Gleichung:

$$\frac{L_1}{D_1} \geqq \frac{A}{D_s} - 1. \tag{9}$$

Zahlenbeispiel: Wie groß muß in diesem letzten Fall L_1/D_1 sein, wenn die Gasballastpumpe IV ein Gemisch von Luft und Wasserdampf absaugt? Bei der Betriebstemperatur 60^0 C der Pumpe IV ist der Sättigungsdruck des Wasserdampfes $D_s = 205$ Ger. Es ist $A = 1000$ Ger. Mit diesen Zahlen folgt aus Gleichung (9) die Bedingung $L_1/D_1 > 4$. Bei der Betriebstemperatur 60^0 der Gasballastpumpe IV ist somit auch ohne Luftballast eine Kondensation verhindert, wenn in dem abgesogenen Gemisch der Teildruck der Luft mindestens viermal so groß ist wie der Teildruck des Wasserdampfes.

8. DIE WIRKUNG DER FEUCHTIGKEIT IM LUFTBALLAST

Bisher wurde der Gasballast als trocken vorausgesetzt. Tatsächlich besteht der Gasballast aus feuchter, atmosphärischer Luft. Wenn die Gasballastpumpe andere Dämpfe absaugt als Wasserdampf, ist der Feuchtigkeitsgehalt des Luftballastes gleichgültig. Wenn dagegen die Gasballastpumpe Wasserdampf absaugt, vermehrt der im Luftballast enthaltene Wasserdampf den durch die Saugdüse angesogenen Wasserdampf und beeinflußt die Größe des notwendigen Luftballastes. Außerhalb der Pumpe steht der Gasballast unter Atmosphärendruck A. Innerhalb der Pumpe steht der Gasballast während der Schieberstellung F_3 (Abb. 2) unter dem Teildruck

$A - D_3$. In demselben Verhältnis wird auch der Teildruck des in dem Gasballast enthaltenen Wasserdampfes herabgesetzt. Der Teildruck des Wasserdampfes in der atmosphärischen Luft sei gleich f (absolute Feuchtigkeit). Innerhalb der Pumpe ist der Teildruck $f \cdot (1 - D_3/A)$. Um diesen Betrag wird der Teildruck D_3 des von der Pumpe abgesogenen Wasserdampfes vergrößert und beträgt nunmehr

$$D_3 + f \cdot (1 - D_3/A).$$

Der Austrittsdruck des Wasserdampfes muß aber kleiner sein als der Sättigungsdruck D_s des Wasserdampfes, um Kondensation zu vermeiden. Somit ist die Bedingung zu erfüllen:

$$D_3 + f \cdot (1 - D_3/A) \geqq D_s, \text{ oder}$$

$$D_3 \geqq \frac{D_s - f}{1 - f/A}. \tag{10}$$

Zahlenbeispiel: Am Schluß des Abschnittes 6 wurde für die Ballastpumpe VI der notwendige Luftballast $B = 46 \text{ cm}^3 \cdot \text{s}^{-1}$ errechnet. Für diese Rechnung wurde D_3 unter Vernachlässigung der Luftfeuchtigkeit aus Gleichung (5) ermittelt und $D_3 = D_s = 590$ Ger gesetzt. Man berücksichtigt die Luftfeuchtigkeit, wenn man den Wert für D_3 aus Gleichung (10) entnimmt. Für $f = 20$ Ger folgt aus Gleichung (10) der etwas kleinere Zahlenwert $D_3 = 571$ Ger. Mit diesem Wert von D_3 gibt Gleichung (4) den Luftballast $B = 50 \text{ cm}^3 \cdot \text{s}^{-1}$ unter Berücksichtigung der Luftfeuchtigkeit. Unter Vernachlässigung der Luftfeuchtigkeit war $B = 46 \text{ cm}^3 \cdot \text{s}^{-1}$. Der Unterschied zwischen $B = 50$ und $B = 46$ ist bedeutungslos in Anbetracht dessen, daß aus Sicherheitsgründen der in die Pumpe eingelassene Gasballast das Vielfache des theoretisch notwendigen Gasballastes beträgt. Somit ist die Wirkung der Feuchtigkeit im Luftballast praktisch ohne jede Bedeutung.

9. DAS ENDVAKUUM DER GASBALLASTPUMPEN

Das äußerste mit einer Pumpe erreichbare Vakuum wird als Endvakuum bezeichnet. Die Wirkungsgrenze ist erreicht, wenn die Pumpe infolge von Undichtigkeiten und von Gas- und Dampfentwicklung aus dem Öl ebensoviel Gas und Dampf an den Rezipienten abgibt, wie sie durch mechanische Förderung aus ihm absaugt. Diese Gas- und Dampfmenge ist $S \cdot P_0$, wenn S die mechanische Fördergeschwindigkeit und P_0 der Enddruck der Pumpe ist. Bei dem Druck P sei die Sauggeschwindigkeit S'. Dann ist die von der Pumpe bei dem Druck P aus dem Rezipienten abgesogene Menge des Gas-Dampf-Gemisches gleich $S' \cdot P$. Die Summe dieser beiden Mengen $S \cdot P_0$ und $S' \cdot P$ ist gleich der Gesamtmenge $S \cdot P$, die von der Pumpe beim Druck P gefördert wird. Hieraus ergibt sich für die Sauggeschwindigkeit S' die Gleichung:

$$S' = S \cdot \left(1 - \frac{P_0}{P}\right) \cdot \tag{11}$$

Gleichung (11) zeigt, daß die Sauggeschwindigkeit S' um so kleiner wird, je mehr der Druck P sich dem Enddruck P_0 nähert. Diese Gleichung gilt für das Druckgebiet der Vakuumdestillationen. Im Hochvakuum sind die Gesamtdrucke P und P_0 zu ersetzen durch die Teildrucke der Komponenten, aus denen das Gemisch zusammengesetzt ist. Denn im Hochvakuum tritt eine Zerlegung des Gas-Dampf-Gemisches ein, indem die einzelnen Komponenten sich gegenseitig so leicht durchdringen, daß deren Strömung nicht von den jeweiligen

Gesamtdrucken, sondern von den jeweiligen Teildrucken abhängig ist. Wir bezeichnen nach erreichtem Endvakuum den Teildruck der Gase mit L_0 und den Teildruck der Dämpfe mit D_0.

Einwirkung des Gasballastes auf den Enddruck L_0. In Tabelle II sind die mit den verschiedenen Gasballastpumpen erreichbaren Teildrucke der Gase, die Enddrucke L_0, zusammengestellt. Alle Gasballastpumpen geben bei geschlossenem

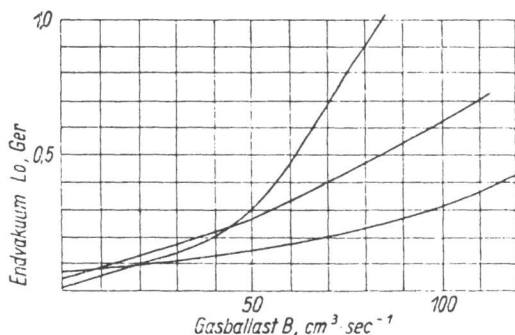

Abb. 9

Abhängigkeit des Enddruckes L_0 vom Ballastvolumen B

Ballastventil ein wesentlich besseres Endvakuum als bei offenem Ballastventil. Das Endvakuum L_0 der einstufigen Gasballastpumpen ist bei geschlossenem Ballastventil 0,003 Ger und bei offenem Ballastventil besser als 1 Ger. Abb. 9 zeigt, daß bei allmählichem Öffnen des Ballastventils der Enddruck L_0 um so größer wird, je größer der in die Pumpe einströmende Luftballast B ist. Die Messungen sind an drei Exemplaren der Gasballastpumpe IV ausgeführt und zeigen die individuelle Verschiedenheit der einzelnen Pumpen. Die

Abhängigkeit des Endvakuums L_0 vom Gasballast B entsteht dadurch, daß das Pumpenöl um so mehr Ballastluft absorbiert, je mehr Luftballast in die Pumpe eingelassen wird. Das lufthaltige Öl gelangt während der Rotation der Pumpe auf deren Saugseite, gibt die absorbierte Luft wieder ab und erhöht den Enddruck L_0. Außerdem tritt ein Teil der Ballastluft durch die unvermeidlichen Undichtigkeiten innerhalb der Pumpe vom Druckraum in den Saugraum. Diese Undichtigkeiten hängen von Zufälligkeiten der Bearbeitung ab, so daß verschiedene Exemplare desselben Modelles in gewissem Maße voneinander abweichende $B — L_0$-Kurven geben, wie Abb. 9 zeigt. Die Gasballastpumpen werden zur Zeit so verwendet, daß das Ballastventil entweder ganz offen oder ganz geschlossen ist.

Ein wesentlich besseres Endvakuum geben die zweistufigen Gasballastpumpen nach Abb. 7. Das Endvakuum der Modelle V und XII (vgl. Tabelle II) ist ohne Luftballast 10^{-5} Ger und mit Luftballast besser als 0,07 Ger. Das Endvakuum ist besser als bei den einstufigen Gasballastpumpen, weil das Öl der Feinpumpe F in Abb. 7 weder mit der atmosphärischen Luft noch mit dem Luftballast in Berührung kommt.

Einwirkung des Gasballastes auf den Enddruck D_0. Das Pumpenöl besteht aus einem Gemisch von Kohlenwasserstoffen. Der durch Verdampfen dieses Gemisches entstehende Teildruck der Dämpfe ist der Enddruck D_0. Nach Tabelle II ist der Enddruck nur bei geschlossenem Ballastventil bekannt und beträgt bei den einstufigen Gasballastpumpen $D_0 = 0,07$ Ger und bei den zweistufigen Gasballastpumpen V und XII $D_0 = 0,007$ Ger. Der Enddruck D_0 ist bei den zweistufigen

Gasballastpumpen um eine Zehnerpotenz kleiner als bei den einstufigen Pumpen, weil die am meisten flüchtigen Bestandteile aus dem Öl der Feinpumpe F (Abb. 7) von der Gasballastpumpe G abgesogen werden. Die angegebenen Enddrucke D_0 werden nur bei sorgfältiger Behandlung der Pumpe erreicht. D_0 steigt um das Vielfache, wenn das Pumpenöl durch flüchtige Beimengungen verunreinigt wird. Dies ist der Fall, wenn beispielsweise Kohlenwasserstoffdämpfe von der Gasballastpumpe abgesogen werden, und wenn diese Dämpfe infolge Nichtbeachtung der oben gegebenen Vorschriften innerhalb der Gasballastpumpe kondensieren oder wenn diese Dämpfe noch vor Eintreten der Kondensation vom Pumpenöl absorbiert werden. Die Erfahrung lehrt, daß in allen diesen Fällen der Gasballast die gelösten flüchtigen Bestandteile aus dem Öl der warm gewordenen Pumpe wieder herauswäscht, und daß infolge dieses Selbstreinigungsprozesses der Enddruck D_0 wieder auf den ursprünglichen Wert zurückgeht. Wenn es sich dagegen bei der Verunreinigung des Öles um Gase und Dämpfe handelt, die das Pumpenöl chemisch zersetzen, so muß das Pumpenöl sofort erneuert werden.

Messung der Enddrucke L_0 und D_0. Die in Tabelle 2 angegebenen Enddrucke der Gase $L_0 = 0{,}00001$ Ger und $L_0 = 0{,}003$ Ger sind mittels des *Mac Leod*schen Manometers gemessen. Hierbei wird das hochverdünnte Gas-Dampf-Gemisch mittels Quecksilber auf beispielsweise das 10^5fache komprimiert, wobei nur der Teildruck des Gases, nicht aber der Teildruck der Dämpfe bis auf einen meßbaren Betrag vergrößert wird, da die Dämpfe bei der Kompression kondensieren. Infolgedessen gibt diese Messung den Teildruck L_0 der Gase.

Die in Tabelle II angegebenen Enddrucke der Dämpfe $D_0 = 0,07$ Ger und $D_0 = 0,007$ Ger sind durch Messung des Gesamtdruckes $D_0 + L_0$ mit Hilfe des Wärmeleitungsmanometers ermittelt. Durch Subtraktion des oben angegebenen Teildruckes der Gase erhält man D_0.

Außerdem wurde das erreichbare Endvakuum L_0 ermittelt durch Messung des Gesamtdruckes, wobei aber die Dämpfe während des Pumpens durch Ausfrieren beseitigt wurden. Abb. 10 zeigt die Anordnung zum Ausfrieren der Dämpfe. A ist die Pumpe, B das Manometer und R das Verbindungsrohr. Bei C kann das Rohr R mit flüssiger Luft gekühlt wer-

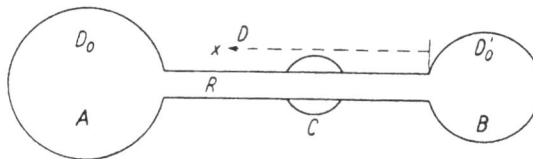

Abb. 10
Pumpanordnung mit Kühlfalle C

den, so daß der von A kommende Dampf fast vollständig von B ferngehalten wird. Das experimentelle Ergebnis ist verschieden, je nachdem das Ausfrieren der Dämpfe bei C vorgenommen wird: a) bei Versuchen im Hochvakuum und b) bei Versuchen in dem bei Destillationen üblichen Vakuum.

a) *Ausfrieren der Dämpfe im Hochvakuum.* Bei diesem Versuch war in Abb. 10 die Pumpe A eine Gasballastpumpe Modell XII (vgl. Tabelle II). Diese Pumpe wurde mit geschlossenem Ballastventil, also ohne Gasballast, verwendet. Das Manometer gab den Gesamtdruck und bestand zur Vergrößerung des Meßbereiches aus zwei Instrumenten, einem

Wärmeleitungsmanometer und einem Ionisationsmanometer. Bei einem ersten Versuch war bei C keine Kühlung vorhanden. Der Druck sank in B während des Pumpens bis zu einem unteren Grenzwert 0,007 Ger. Dieser Enddruck ist durch die Öldämpfe der Pumpe verursacht. Bei einem zweiten Versuch wurde bei C mit flüssiger Luft gekühlt. Der Druck sank in B bis 10^{-5} Ger. Die Kühlung bei C bewirkt somit, daß ein fast tausendfach höheres Vakuum erzielt wird. Der Enddruck 10^{-5} Ger stimmt überein mit dem Meßergebnis, das ohne Kühlung C mit Hilfe eines *Mac Leod*schen Manometers erhalten wird, und ist gleichbedeutend mit dem Teildruck L_0 der noch vorhandenen Gasreste.

b) *Ausfrieren der Dämpfe im Vakuum.* Bei diesem Versuch war die Pumpe A in Abb. 10 eine Gasballastpumpe Modell IV (vgl. Tabelle II). Wiederum wurde die Pumpe mit geschlossenem Ballastventil, d. h. ohne Gasballast, verwendet. Das Manometer bestand aus einem abgekürzten Quecksilberbarometer. Vor den Versuchen wurde in das Öl der Pumpe etwas Benzin hineingeschüttet. Bei einem ersten Versuch war keine Kühlung C vorhanden. Der Druck sank beim Pumpen bis zu einem unteren Grenzwert 9 Ger. Dieser Enddruck ist durch die dem Öl beigemischten Benzindämpfe verursacht. Bei einem zweiten Versuch wurde C gekühlt, und der Druck sank in B bis zu demselben Grenzwert 9 Ger. Dies ist der Druck der in B befindlichen Luft. Die Kühlung C hat in diesem Falle somit keinerlei Einfluß auf die Höhe des erreichbaren Endvakuums.

Die unter a) und unter b) beschriebenen Versuche wurden in der Weise durchgeführt, daß das Manometer B zuerst mit

Luft gefüllt wurde, um dann zu beobachten, bis zu welchem Endwert der Druck sinkt. Es wäre falsch, zuerst ohne Kühlung C den Enddruck zu bestimmen und dann während des Pumpens die Stelle C zu kühlen und zu beobachten, wie der Druck infolge der Kühlung noch weiter sinkt. In diesem Fall sinkt der Druck nicht nur im Falle a), sondern auch im Falle b), wenn auch nur vorübergehend, unter den Dampfdruckwert, weil vorher das Manometer B mit Dampf gefüllt war und beim Einschalten der Kühlung dieser in B enthaltene Dampf kondensiert. Man mißt in diesem Falle nicht den Einfluß der Kühlung C auf das Endvakuum, sondern man mißt nur die Dampfdruckerniedrigung infolge Kühlung.

Die Kühlung bei C bewirkt eine Strömung des Dampfes von A nach C. Bei dem Versuch a), das ist bei sehr kleinem Druck des Öldampfes, beeinflußt dieser Dampfstrom so wenig die Bewegung des im Rohr R enthaltenen Gases, daß allein die Teildrucke der in A und B befindlichen Gase im Gleichgewicht sind. Bei dem Versuch b), das ist bei vergrößertem Dampfdruck, stößt dieser Dampfstrom die Luft nach B so vollkommen zurück, daß die Luft in B im Druckgleichgewicht steht mit dem Dampf in A. Wie groß der Dampfdruck sein muß, damit bei Versuch a) das Gas freien Durchtritt durch den Dampfstrom hat, und daß bei Versuch b) das Gas vom Dampfstrom vollkommen zurückgestoßen wird, kann man abschätzen, wenn man nicht vom Druck, sondern von der freien Weglänge der Moleküle ausgeht, die dem Druck umgekehrt proportional ist. Die freie Weglänge der Moleküle ist der Mittelwert der Wegstrecken, die von den Molekülen in freiem Flug zwischen zwei Zusammenstößen mit anderen Molekülen zurückgelegt werden. Im ersten mit a) bezeichneten Fall ist der Dampfdruck 0,007 Ger so klein, daß die freie Weglänge größer ist als der Durchmesser des Rohres R. Dann fliegen die meisten Dampfmoleküle aneinander vorbei zwischen den Rohrwänden hin und her. Die Wahrscheinlichkeit eines Zusammenstoßes der Moleküle mit der Wand ist so groß im Vergleich mit der Wahrscheinlichkeit eines Zusammenstoßes der Gas- und Dampfmoleküle untereinander, daß die Strömung der Gase und Dämpfe lediglich von den Zusammenstößen mit der Rohrwand abhängt, oder, was auf dasselbe hinauskommt, von der Gasreibung an der Rohrwand. Der Ausgleich zwischen den Teildrucken des Gases in A und B erfolgt somit nahezu unbeeinflußt von den vorhandenen Dämpfen in Übereinstimmung mit Versuch a). Im zweiten, mit b) bezeichneten Fall ist der Dampfdruck 9 Ger so groß, daß die freie Weglänge der Moleküle sehr klein ist im Vergleich zum Rohrdurchmesser. Dann ist die Wahrscheinlichkeit eines Zusammenstoßes der Moleküle untereinander so groß im Vergleich mit der Wahrscheinlichkeit eines Zusammenstoßes der Moleküle mit der Wand, daß infolge der zahlreichen Zusammenstöße der Dampfmoleküle mit den Gasmolekülen das Gas vom Dampfstrom in der Richtung von A nach C zurückgestoßen und der Druck vom Dampf auf das Gas übertragen wird. Es besteht ein Druckgleichgewicht zwischen dem Gas in B und dem Dampf in A in Übereinstimmung mit dem Versuch b).

Gegenseitige Durchdringung der Gase und Dämpfe während des Pumpens. In der Hochvakuumtechnik werden die Quecksilberdämpfe der Quecksilber-Diffusionsluftpumpen von den zu evakuierenden Geräten (Röntgenröhren, Senderöhren)

durch Ausfrieren mittels flüssiger Luft ferngehalten. Ölluftpumpen geben ein weniger hohes Vakuum und werden ohne
Ausfriervorrichtung verwendet. Eine Verunreinigung der
Geräte durch die Öldämpfe der Pumpe ist vermieden, wenn
die aus den Geräten abgesaugte Luft die Öldämpfe in die
Pumpe zurückdrängt. Unter welchen Bedingungen dies
möglich ist, zeigt die folgende Rechnung.

Die Ölluftpumpe A sei mit dem zu evakuierenden Gerät B
durch das Rohr R verbunden. Die in Abb. 10 mit C bezeichnete Kühlung sei nicht vorhanden. Die Pumpe A erzeugt
einen von B nach A gerichteten Gasstrom, der die Öldämpfe
der Pumpe nach A zurückdrängt. Der Teildruck der Öldämpfe innerhalb der Pumpe sei D_0. Nur ein kleiner Teil
der Öldämpfe dringt durch Diffusion entgegen dem Luftstrom nach B vor und erzeugt in B den Teildruck D_0'. Den
Quotienten D_0'/D_0 bezeichnen wir als „Durchdringungszahl n". Es ist

$$n = \frac{D_0'}{D_0} \leqq 1 \cdot$$

Zur Berechnung von n gehen wir aus von der *Stephan*schen
Diffusionsgleichung:

$$\frac{dD}{dx} = \frac{D L u}{k \cdot 1000} \cdot \qquad (12)$$

In Abb. 10 bedeutet x die Entfernung zwischen dem Behälter
B und der Stelle des Rohres R, woselbst der Teildruck des
Dampfes den Wert D Ger hat. Für $x = 0$ ist $D = D_0'$. Die
Gesamtlänge des Rohres R sei l. Für $x = l$ ist $D = D_0$. Es
ist k die auf Atmosphärendruck gleich 1000 Ger bezogene
Diffusionskonstante zwischen Dampf und Gas. u ist die
mittlere Geschwindigkeit, mit der das Gas im Rohr R beim
Teildruck L strömt. q ist der Querschnitt des Rohres R. Es

sei M die durch das Rohr R in der Zeiteinheit strömende Gasmenge. Ferner sei S' die Sauggeschwindigkeit der Pumpe A beim Druck L' und es sei L' der am Saugstutzen der Pumpe A gemessene Teildruck der Gase. Dann ist:

$$M = q u L = S' L' \cdot \tag{13}$$

M ist gegeben in $\text{Ger} \cdot \text{cm}^3 \cdot \text{sec}^{-1}$.

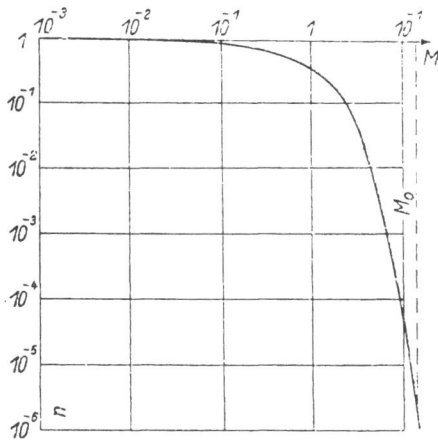

Abb. 11
Abhängigkeit der Durchdringungszahl n
von der strömenden Gas- oder Dampfmenge M

Die Gasmenge M hat für alle Werte von x denselben Wert. Infolgedessen ist das Produkt $L \cdot u$ eine Konstante in der Differentialgleichung (12). Die Integration der Gleichung (12) in den genannten Grenzen gibt:

$$n = e^{-\frac{M l}{q k \, 1000}} \cdot \tag{14}$$

Abb. 11 zeigt die durch Gleichung (14) gegebene Abhängigkeit der Durchdringungszahl n von der Gasmenge M in logarithmischer Teilung, wobei $\dfrac{l}{qk \cdot 1000} = 1$ gesetzt ist. Dies entspricht dem praktischen Fall, daß beispielsweise die Rohrlänge $l = 100$ cm und der Querschnitt $q = 1$ cm² ist, und daß man für die Diffusionskonstante $k = 0{,}1$ einsetzt entsprechend einer Diffusion von Luft in Öldampf. Für $M = M_0$ fällt in Abb. 11 die Kurve steil ab, so daß für alle Werte von M größer als M_0 die Durchdringungszahl n verschwindend klein ist. Wenn dagegen M kleiner wird als M_0, nähert sich n rasch dem Grenzwert $n = 1$. In Abb. 11 ist $M_0 = 14$.

Zahlenbeispiel: Die Gasballastpumpe XII sauge bei geschlossenem Ballastventil Luft aus dem Gefäß B ab ohne Kühlung bei C (Abb. 10). Die Sauggeschwindigkeit ist S' $= 1400$ cm³/sec (Tabelle II). Für $S' = 1400$ und $M = M_0 = 14$ gibt Gleichung (13) $L' = 0{,}01$ Ger. Dieser Wert von L' hat folgenden Sinn: Wenn der an der Pumpe gemessene Druck L' größer ist als $0{,}01$ Ger, dann ist die Durchdringungszahl n so klein, daß die Öldämpfe der Pumpe auch nicht spurenweise in das Gefäß B eindringen. Wenn dagegen L' kleiner ist als $0{,}01$ Ger, diffundieren die Dämpfe des Pumpenöles entgegen dem abgesogenen Luftstrom in das Gefäß B. Dieser Fall ist von praktischer Bedeutung in der Glühlampentechnik. Damit die vorstehenden Resultate ihre Geltung behalten, muß die Abschmelzkapillare der Lampen die Maße $l = 1$ cm und $q = 1$ mm² haben und das Saugrohr sehr weit sein. Beim Evakuieren von nicht gasgefüllten Glühlampen mit Hilfe von Ölluftpumpen muß die Lampe bald nach Erreichung des Punktes M_0, das ist in unserem Zahlenbeispiel nach Erreichung des Druckes $L' = 0,01$ Ger, von der Pumpenleitung abgeschmolzen werden, damit eine Verunreinigung der Lampe mit Öldämpfen und mit Spuren von Wasserdämpfen vermieden wird. Der Rest der in der Lampe noch vorhandenen Gase und Dämpfe wird mit Hilfe von Phosphor entfernt.

Abb. 11 gibt den Zusammenhang von n und M auch für den Fall, daß die Pumpe aus dem Gefäß B Dampf absaugt. In diesem Fall sind in den Gleichungen (12) und (13) die Drucke L und D gegenseitig zu vertauschen, so daß $M = S'D'$ die in der Zeiteinheit durch das Rohr hindurchgesaugte Dampfmenge und daß $n = L_0'/L_0$ die für die zurückgedrängte Luft gültige Durchdringungszahl ist.

Zahlenbeispiel: Die Gasballastpumpe XII sauge Dampf aus dem Gefäß B ab bei offenem Ballastventil. Eine Kühlung bei C (Abb. 10) ist nicht vorhanden. Der Enddruck L_0 ist nach Tabelle II kleiner als 0,07 Ger. Wir setzen $L_0 = 0,05$ Ger. Gesucht wird der an der Saugdüse der Pumpe gemessene Dampfdruck D', wenn $M = M_0$ ist und somit eine gegenseitige Durchdringung der Gase und Dämpfe noch nicht stattfindet. Die Werte von k, q und l der Gleichung (14) seien so bemessen, daß die Zahlenwerte in Abb. 11 verwendbar sind. Dann ist $M = M_0 = 14$. Wenn Dampf von der Pumpe abgesogen wird, lautet Gleichung (13): $M = S'D'$. Somit ist $D' = 14/S'$. Da eine gegenseitige Durchdringung der Gase und Dämpfe voraussetzungsgemäß nicht stattfindet, können wir statt der Teildrucke die Gesamtdrucke einführen. In Gleichung (11) setzen wir für P_0 den Zahlenwert L_0 und für P den Zahlenwert D' ein. Dann ist $P_0 = 0,05$ Ger und $P = 14/S'$. Die Förderleistung der Gasballastpumpe XII

ist nach Tabelle II $S = 1400\,\mathrm{cm^3 \cdot s^{-1}}$. Setzen wir diese Zahlenwerte von S, S' und P_0 in Gleichung (11) ein, so erhalten wir
$P = 0,06\,\mathrm{Ger}$. Dieses Zahlenbeispiel zeigt, daß bei einer
Vakuumdestillation weder Gase noch Dämpfe aus der Gasballastpumpe XII in das Destillationsgerät gelangen, solange
der an der Pumpe gemessene Gesamtdruck P größer ist als
$0,06\,\mathrm{Ger}$. Wenn dagegen P kleiner wird als $0,06\,\mathrm{Ger}$, dringen
die Dämpfe und Gase aus der Gasballastpumpe in das Destillationsgerät ein und verunreinigen das Destillat. Wenn der
Querschnitt q des Rohres 10mal größer ist, erhalten wir
$P = 0,15\,\mathrm{Ger}$. Für Destillationen bei sehr niederen Drucken,
für Moleculardestillationen, verwendet man keine Gasballastpumpen, sondern Öldiffusionspumpen. Die von den Öldiffusionspumpen abgegebenen Gas- und Dampfmengen sind
so außerordentlich klein, daß diese keine Verunreinigung des
Destillates bedeuten, auch wenn die Durchdringungszahl
$n = 1$ ist. Außerdem ist die sehr große Sauggeschwindigkeit
der Öldiffusionspumpen von Vorteil, weil die bei der Destillation frei werdenden und abzupumpenden Gase im Hochvakuum ein sehr großes Volumen einnehmen.

10. DER GASSCHLEIER UND SEINE BEDEUTUNG FÜR DIE VAKUUMDESTILLATION

Der bei einer Vakuumdestillation entwickelte Dampf enthält stets geringe Gasmengen. Bei der Kondensation eines
gashaltigen Dampfes verflüssigt sich der Dampf und das Gas
bleibt übrig. Das nachströmende Dampf-Gas-Gemisch führt
neue Gasmengen zu und bewirkt eine Anhäufung von Gas
auf der Kühlfläche, und zwar in Form einer dünnen, die Kühl-

fläche bedeckenden Schicht. Diese Gasschicht bezeichnen wir als „Gasschleier". Der Gasschleier verhindert eine unmittelbare Berührung des Dampfes mit der Kühlwand und beeinträchtigt die Kondensation im Vakuum.

Diffusion des Dampfes durch den Gasschleier. In Abb. 12 bedeutet K eine Kondensationsfläche. Auf der linken Seite von K befindet sich das Kühlwasser. Auf der rechten Seite von K strömt das Dampf-Gas-Gemisch in Pfeilrichtung mit der Geschwindigkeit u auf die Fläche K. Der senkrechte Abstand

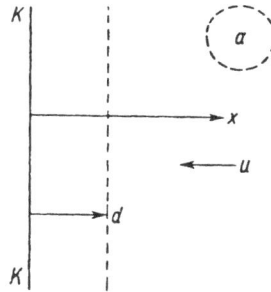

Abb. 12
Entstehung eines Gasschleiers

von K ist mit x bezeichnet. An der Stelle x wird der Teildruck des Gases mit L und der Teildruck des Dampfes mit D bezeichnet. k ist die auf die technische Atmosphäre 10^3 Ger bezogene Diffusionskonstante zwischen Gas und Dampf. Dann gilt die *Stephan*sche Diffusionsgleichung:

$$\frac{dD}{dx} = -\frac{dL}{dx} = \frac{LDu}{k \, 10^3}. \tag{15}$$

Das Produkt $D \cdot u$ ist die in der Zeiteinheit auf $1 \, cm^2$ der Kühlfläche auftreffende und kondensierende Dampfmenge und ist somit eine Konstante in der Differentialgleichung. Für $x = 0$, also an der Kondensationsfläche K, sei der Teildruck des Gases L_k. Durch Integration von 0 bis x erhalten wir dann:

$$x = \frac{k \, 10^3}{D \, u} \cdot \ln \frac{L_k}{L} \tag{16}$$

oder als Wert für den Teildruck L an der Stelle x:

$$L = L_k \cdot e^{-\frac{D \, u}{k \, 10^3} \cdot x} \; . \tag{17}$$

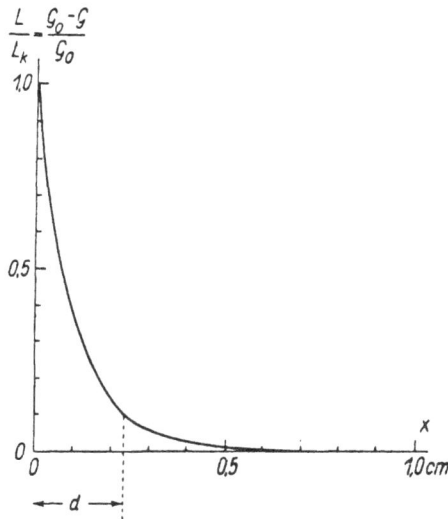

Abb. 13

1) Der Gasdruck L in Abhängigkeit von der Entfernung x von der Kondensationsfläche, bezogen auf $L_k = 1$.

2) Die außerhalb des Gasschleiers von der Dicke x befindliche Gasmenge $G_0 - G$, bezogen auf $G_0 = 1$.

In Abb. 13 ist die durch Gleichung (17) gegebene Abhängigkeit des Druckes L vom Abstand x dargestellt, wobei $\frac{D \, u}{k \, 10^3}$ $= 0{,}1$ gesetzt ist. Der Teildruck L hat für $x = 0$, also unmittelbar an der Kondensationsfläche K, den Höchstwert L_k und fällt mit zunehmender Entfernung x rasch ab. Die Moleküle des in Richtung u strömenden Dampfes stoßen die Gasmoleküle zurück, so daß unmittelbar auf der Fläche K die Gasmoleküle in jener dünnen Schicht zusammengedrängt

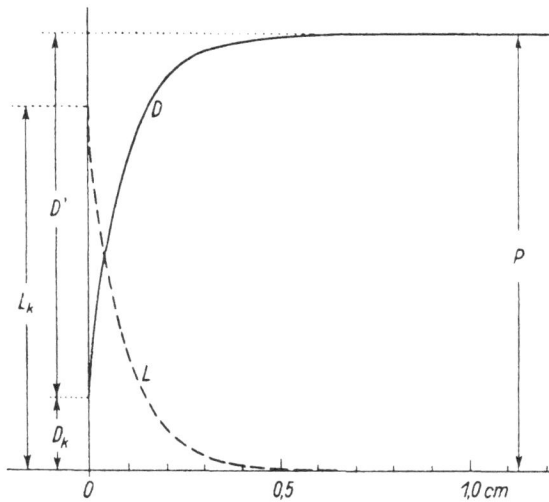

Abb. 14
Gegenseitiges Durchdringen von Wasserdampf und Luft
im Gasschleier für $Q = 1$.
D Teildruck des Dampfes
L Teildruck des Gases
x Abstand von der Kondensationsfläche

werden, die wir als „Gasschleier" bezeichneten. In umgekehrter Richtung stoßen die Gasmoleküle die Dampfmoleküle zurück, so daß der Dampf den durch diese Stöße erzeugten Gegendruck überwinden muß, um den Gasschleier zu durchdringen. Abb. 14 zeigt das gegenseitige Durchdringen von

53

Dampf und Gas infolge Diffusion, indem die Kurve D den Teildruck des Dampfes und die gestrichelte Kurve L den Teildruck des Gases angibt. In großer Entfernung x von der Kondensationsfläche ist der Gasgehalt des Dampfes verschwindend klein, so daß der Teildruck D des Dampfes gleich ist dem Gesamtdruck P. Mit abnehmendem x fällt die Teildruckkurve D des Dampfes von P bis zum Wert D_k für $x = 0$. D_k ist der Druck des gesättigten Dampfes unmittelbar auf der Kondensationsfläche. Die Differenz $P - D_k$ ist gleich dem Druck D', den der Dampf benötigt, um durch den Gasschleier hindurch zur Kondensationsfläche vorzudringen. Nach Gleichung (15) sind das Druckgefälle dD/dx des Dampfes und das Druckgefälle dL/dx des Gases einander entgegengesetzt gleich. Infolgedessen sind in Abb. 14 die Kurven D und L spiegelbildlich einander gleich. Die Summe der Teildrucke D und L gibt für alle Werte von x stets denselben Wert für den Gesamtdruck P. Für $x = 0$, also an der Kondensationsfläche, ist $D = D_k$ und $L = L_k$. Somit ist:

$$P = L_k + D_k. \tag{18}$$

Wenn auf der Kondensationsfläche kein Gasschleier vorhanden ist, ist der Dampfdruck D in der Umgebung der Kondensationsfläche K gleich dem Sättigungsdruck D_k auf der Kondensationsfläche selbst. Wenn der Dampf geringe Beimengungen eines Gases enthält, bildet sich ein Gasschleier und der Dampfdruck D in der Umgebung der Kondensationsfläche steigt über den Sättigungsdruck D_k hinaus um einen Betrag, der gleich ist dem Teildruck L_k des Gasschleiers. Auf diesem Überdruck L_k beruht die hemmende Wirkung, die der Gasschleier auf die Kondensation des Dampfes ausübt. *Dicke des Gasschleiers.* Die Gasmenge, die auf der Kondensatorfläche K in einem Zylinder von der Höhe x und der Grundfläche 1 cm² enthalten ist, bezeichnen wir mit G. Aus Gleichung (17) folgt:

$$G = \int_0^x L\, dx = \frac{k\, 10^3}{D\, u} (L_k - L) \cdot$$

Diese Gleichung gibt für $x = \infty$ die gesamte Gasmenge, die wir mit G_0 bezeichnen. Es ist

$$G_0 = \frac{k \cdot 10^3}{D\, u} \cdot L_k \quad \text{und} \quad \frac{L}{L_k} = \frac{G_0 - G}{G_0} \cdot \tag{19}$$

$G_0 - G$ ist die Gasmenge, die in einem Zylinder mit der Grundfläche 1 cm² und der von x bis $x = \infty$ reichenden Höhe enthalten ist. Wenn wir die vor der Kondensatorfläche bis zur Höhe x angehäufte Gasmenge als Gasschleier bezeichnen, so ist $G_0 - G$ die außerhalb des Gasschleiers befindliche Gasmenge. Die Kurve in Abb. 13 gibt nicht nur den Druckabfall im Gasschleier, sondern mit Rücksicht auf Gleichung (19) auch die außerhalb des Gasschleiers befindliche Gasmenge, bezogen auf die gesamte Gasmenge im Gasschleier. Für $x = 4,6$ mm ist $\dfrac{G_0 - G}{G_0} = 0,01$. Es befindet sich somit 1% der gesamten Gasmenge außerhalb des Gasschleiers. Die restlichen 99% sind im Gasschleier von der Dicke $x = 4,6$ mm angehäuft. Entsprechend enthält ein Gasschleier von der Dicke $x = 2,3$ mm bereits 90% der gesamten Gasmenge. Für den Gasschleier können wir eine bestimmte Dicke angeben, wenn wir vereinbaren, daß er die Hauptmasse des Gases, beispielsweise 90%, enthalten soll. In Abb. 13 ist die zugehörige Dicke $x = 2,3$ mm durch eine punktierte Linie markiert und mit d bezeichnet. Ebenso gibt in Abb. 12 die punktiert angedeutete Ebene, die von der Kondensationsfläche K den Abstand d hat, die Begrenzung des Gasschleiers an. Für $\dfrac{G_0 - G}{G_0} = 0{,}1$ erhalten wir aus den Gleichungen (19) und (16) zur Bestimmung der Dicke $x = d$ des Gasschleiers die Gleichung

$$d = \frac{2{,}3 \cdot 10^3\, k}{D\, u}. \tag{20}$$

Das Produkt $D \cdot u$ ist die in der Zeiteinheit auf der Flächeneinheit des Kondensators niedergeschlagene Dampfmenge. Diese Dampfmenge $D \cdot u$ drängt das Gas gegen die Kondensationsfläche, so daß ein dünner Gasschleier entsteht. Seine Dicke ist umgekehrt proportional der Dampfmenge $D \cdot u$, die auf der Flächeneinheit in der Zeiteinheit niedergeschlagen wird, also umgekehrt proportional der Kondensationsgeschwindigkeit, unabhängig davon, ob der Dampfdruck groß oder klein ist. Vom Teildruck L des Gases im Gasschleier ist nach Gleichung (20) die Dicke d des Gasschleiers unabhängig. Da der Maximaldruck L_k im Gasschleier somit die Dicke d des Gasschleiers in keiner Weise bestimmt, ist umgekehrt auch der zur Überwindung des Gasschleiers notwendige Überdruck des Dampfes, der nach Gleichung (18) gleich ist der Größe L_k, unabhängig von der Dicke d des Gasschleiers.

Die Dampfmenge $D \cdot u$ erzeugt bei der Kondensation pro Flächen- und Zeiteinheit eine Kondensationswärme, welche numerisch der Wärmestromdichte durch die Kondensationsfläche gleich ist, so daß bei unseren Betrachtungen an Stelle der entwickelten Kondensationswärme die Wärmestromdichte Q gesetzt werden kann. Es sei r die Verdampfungswärme und s das spezifische Gewicht des Dampfes beim Druck 1 Ger und der Versuchstemperatur, dann ist:

$$Q = r \cdot s \cdot D \cdot u.$$

Mit diesem Wert von $D \cdot u$ gibt Gleichung (20):

$$d = \frac{2,3 \cdot 10^3 \cdot k\, r\, s}{Q} \cdot \qquad (21)$$

Die Wärmestromdichte Q hat in jeder gegebenen Apparatur eine obere Grenze, die u. a. durch den wirtschaftlich zulässigen Kühlmittelverbrauch bestimmt ist. Nach Definition ist die Wärmestromdichte gleich dem Produkt aus Wärmeübergangszahl und Temperaturdifferenz zwischen Dampf und Kühlmittel. Unter Berücksichtigung der in der Technik üblichen Bedingungen ergeben sich Wärmeübergangszahlen von Dampf zum Kühlmittel von 2 bis $6 \cdot 10^{-2}$ cal $\cdot$ cm^{-2} $\cdot$ sec^{-1} $\cdot$ Grad^{-1}. Lassen wir bei einer Vakuumdestillation von Wasserdampf eine Temperaturdifferenz von 20° zwischen Dampf und Kühlwasser zu, so ergibt sich $Q = 1$ cal $\cdot$ cm^{-2} $\cdot$ sec^{-1}.

Zahlenbeispiel: Der Dampf sei Wasserdampf von 20° über Kühlwassertemperatur und das Gas des Gasschleiers sei Luft. Dann ist $r = 580$ cal $\cdot$ g^{-1}; $s = 7 \cdot 10^7$ g $\cdot$ cm^{-3} und $k = 0,24$ g $\cdot$ cm $\cdot$ sec^{-3}. Diese Zahlenwerte in Gleichung (21) eingesetzt ergeben mit $Q = 1$ den Minimalwert $d = 0,23$ cm. Somit hat die Dicke des Gasschleiers unabhängig vom Druck den Wert

$$d \geqq 2,3 \text{ mm}.$$

Diese Betrachtungen sind nur zulässig, solange das Produkt $D \cdot u$ konstant ist. Dies ist nicht mehr der Fall, wenn der Druck D so klein und damit die Geschwindigkeit u so groß wird, daß u gleich der Molekulargeschwindigkeit ist, also bei Wasserdampf von Raumtemperatur für $u = 6 \cdot 10^4$ cm $\cdot$ sec^{-1}. Sinkt der Druck D unter die hierdurch gegebene Grenze herunter, so wird u konstant und nach Gleichung (20) nimmt die Dicke d des Gasschleiers umgekehrt proportional dem Dampfdruck D zu. Sobald die Gasschleierdicke d die Gefäßdimensionen übersteigt, befinden wir uns im Gebiet der Molekulardestillation.

Der Gasschleier im Rückflußkühler. Abb. 15 zeigt das Schema eines Rückflußkühlers. Das Rohr R ist vom Kühlmantel K umgeben. Im Rohr R befindet sich Dampf bei D und Luft bei L. Der Dampf D strömt in Pfeilrichtung a gegen die Kühlfläche. Der vom strömenden Dampf in der Rohrachse freigelassene Raum A ist mit Luft ausgefüllt, die in Pfeilrichtung b zuströmt. Die Relativbewegung von Dampf und Luft im Raume A bewirkt Wirbelbewegungen und Durchmischung von Dampf und Luft, so daß der zur Kondensationsfläche strömende Dampf lufthaltig ist und einen Gasschleier erzeugt. Der schräge Stoß des Dampfes in Richtung a treibt den Gasschleier in Richtung des Pfeiles c in den Luftraum L zurück, so daß die Luft eine Kreisbewegung in den Richtungen b und c ausführt. Die punktierte Linie t zeigt die Abgrenzung zwischen Dampf D und Luft L. Das innere, den Raum A begrenzende Stück t soll durch die unregelmäßige Gestalt die Wirbelbildung und das äußere Stück t entlang der Rohrwand R den Gasschleier andeuten. Wenn der Druck im Luftraum L und im Dampfraum D gleich P ist, und wenn der Sättigungsdruck des Dampfes auf der Kondensationsfläche gleich D_k ist, so ist nach Gleichung (18) der

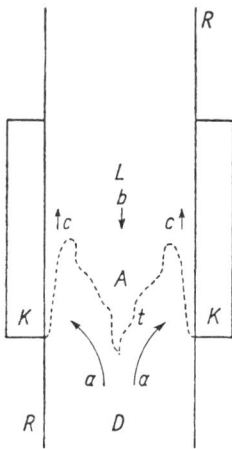

Abb. 15
Rückflußkühler mit
Gasschleier

Gasschleierdruck L_k gleich der Differenz $P - D_k$. Die Dicke des Gasschleiers ist nach Gleichung (21) der bei der Kondensation entwickelten Wärme Q umgekehrt proportional. Im unteren Teil des Kondensators, wo die Kondensation am heftigsten ist, ist die Gasschleierdicke d am kleinsten.

Der Gasschleier reguliert die Kondensation. Der Gesamtdruck P sei größer als der Sättigungsdruck D_k an der Kondensationswand. Zwei Grenzfälle seien hervorgehoben:
1. Eine vermehrte Dampfzufuhr bei konstantem Druck P bewirkt eine Verschiebung der Trennungsfläche t in der Richtung von D nach L (Abb. 15) und damit eine Vergrößerung der Berührungsfläche zwischen Dampf D und Kühlrohr R.
2. Eine Erhöhung des Druckes P bei konstanter Dampfzufuhr bewirkt eine Vergrößerung des Gasschleierdruckes L_k.

Demonstrationsversuch zum Nachweis des Gasschleiers. Die Anordnung Abb. 16 dient zur Demonstration der Eigenschaften des Gasschleiers. *a* ist ein Siedekolben aus Glas mit Seitenrohr *b*. Das Rohr *b* ist in die Höhe gebogen, damit das Kondensat zum siedenden Wasser *w* zurückfließt. Das Messingrohr *c* mit der Wasserkühlung *d* bildet den Rückflußkühler. *e* ist eine kleine Pfeife. Während das Wasser *w* siedet, wird auf den Rückflußkühler bei *f* die Kapsel *k* aufgesetzt, die durch eine Gummimembran *g* verschlossen ist. Die Pfeife *e* tönt nicht. Sobald man aber mit dem Finger die Gummimembran *g* herunterdrückt, tönt die Pfeife *e*. Wenn man die Membran *g* losläßt, schweigt die Pfeife *e*. Gummimembran *g* und Pfeife *e* verhalten sich wie Druckknopf und Klingel einer elektrischen Klingelanlage. Der auf die Gummimembran *g* ausgeübte Druck wird durch die Luft in der Kapsel k auf den Gasschleier im Kühlrohr c übertragen und erhöht den Gasschleierdruck L_k. Nach Gleichung (8) bewirkt

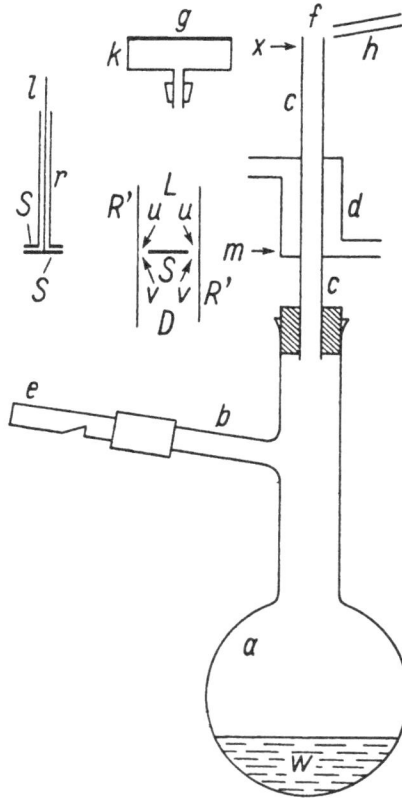

Abb. 16
Gasschleier-Versuche

eine Erhöhung von L_k eine Vergrößerung des Druckes P im Dampfraum, so daß die Pfeife e tönt.

Mit der Anordnung nach Abb. 16 lassen sich auch die Verhältnisse ähnlich wie in einer Vakuumdestillation nachahmen.

w sei ein Elektrolyt, in den zwei Platinelektroden eintauchen sollen. Eine Flamme erhitzt den Elektrolyten, während gleichzeitig mit ½ Amp Knallgas entwickelt wird. Der aufsteigende Dampf ist alsdann gashaltig wie der Dampf in einer Vakuumdestillationsanlage. Wenn der Rückflußkühler bei f offen ist, schweigt die Pfeife e. Sobald aber der Rückflußkühler bei f mittels eines Stopfens verschlossen wird, reichert sich das im Dampf enthaltene Gas im Gasschleier des Rückflußkühlers an. Der Gasschleierdruck L_k steigt und damit auch nach Gleichung (8) der Druck P im Dampfraum. 5 sec nach Verschließen der Öffnung f beginnt die Pfeife e zu tönen und hat nach ½ Minute die volle Tonstärke erreicht.

Tönender Gasschleier. Die beschriebenen Versuche demonstrieren die Wirkung des Gasschleiers, aber eine Beweiskraft für die Existenz eines Gasschleiers kommt ihnen nicht zu. Denn diese Versuche sind verständlich schon allein auf Grund der Erfahrungstatsache, daß in einem Rückflußkondensator nach Abb. 15 der Druck im Dampfraum D gleich ist dem Druck im Luftraum L. Ein Experiment, das die Existenz eines Gasschleiers eindeutig nachweist, muß in einem neuartigen Kondensationseffekt bestehen, der ohne Annahme eines Gasschleiers nicht erklärlich ist. R' in Abb. 16 sei das gekühlte Kondensationsrohr. Die kreisrunde Scheibe S sperrt den Querschnitt des Rohres R' und läßt nur am Rande eine ringförmige Verbindung von etwa 1 mm Breite offen zwischen dem Dampfraum D und dem Luftraum L. Während in Abb. 15 die Luft in den Pfeilrichtungen b und c zirkuliert, ist in Abb. 16 die Strömung b gesperrt und die Zirkulation unterbrochen. Für die Luft ist in Abb. 16 nur eine Türe offen:

die Luft tritt am Rand der Scheibe S entweder in der Richtung u in den Dampfraum D ein oder in der Richtung v aus dem Dampfraum D aus. Wenn die Luft in der Richtung u strömt, wird an der Rohrwand R' des Dampfraumes D der Luftschleier verstärkt und der Luftschleierdruck L_k erhöht. Nach Gleichung (18) steigt dann auch der Druck P im Dampfraum D. Der Druck im Luftraum L habe den konstanten Wert P_0. Sobald P größer geworden ist als P_0, kehrt die Bewegungsrichtung der Luft um, und es wird Luft in der Richtung v in den Luftraum L zurückbefördert. Dadurch vermindert sich der Luftgehalt des Luftschleiers und der Luftschleierdruck L_k sinkt. Nach Gleichung (18) sinkt dann auch der Druck P im Dampfraum D. Sobald P kleiner geworden ist als P_0, tritt Luft in Richtung u aus dem Luftraum L in den Dampfraum D ein und verstärkt den Luftschleier im Dampfraum D. Derselbe Vorgang beginnt von neuem, und es entsteht ein abwechselndes Hin- und Herfließen der Luft in den Richtungen u und v. Es erhebt sich nun die Frage, ob auf diese Weise ungedämpfte Schwingungen entstehen können. Der Luftschleier im Dampfraum D enthalte die Luftmasse m beim Druck P. Wenn P kleiner ist als P_0, vergrößert sich die Masse m des Luftschleiers, indem in der Richtung u die Luftmasse dm in der Zeit dt überströmt. Die Druckdifferenz $P_0 - P$, die notwendig ist, um die Luft in der Richtung u zu bewegen, enthält zwei Komponenten: ein Massenbeschleunigungsglied und ein Dämpfungsglied infolge Gasreibung. In der bekannten Differentialgleichung für gedämpfte Schwingungen betrifft das Glied, das den zweiten Differentialquotienten enthält, die Massenbeschleunigung und das Glied, das den ersten Differentialquotienten enthält, die

Reibungsdämpfung. Das Beschleunigungsglied bezeichnen wir mit $B \cdot \dfrac{d^2 m}{d t^2}$ und das Glied der Reibungsdämpfung mit $R \cdot \dfrac{dm}{d t}$, wobei B und R konstante Größen sind. Dann ist:

$$P_0 - P = B \cdot \frac{d^2 m}{d t^2} + R \cdot \frac{d m}{d t} \cdot \tag{22}$$

Der Luftschleier von der Masse m behindert die Kondensation, indem der Dampf einen zusätzlichen Druck D' benötigt, um durch den Luftschleier hindurch zur Kondensationsfläche zu gelangen. Dieser Überdruck ist proportional der Masse m. Es ist:

$$D' = G \cdot m, \tag{23}$$

wobei G eine Konstante ist, die den Gasschleier betrifft. Dieser Druck D', vermehrt um den Sättigungsdruck D_k des Dampfes an der Kondensationsfläche, gibt den Druck im Dampfraum, der sich stationär einstellt (vgl. Abb. 14). Diesen stationären Endwert bezeichnen wir mit P', so daß $P' = D' + D_k$ ist. Der im Augenblick vorhandene Druck P nähert sich dem Endwert P' mit einer Geschwindigkeit, die der Differenz $P' - P$ proportional ist. Somit ist:

$$\frac{d P}{d t} = N (D' + D_k - P), \tag{24}$$

wobei N einen konstanten Faktor bedeutet. Durch Elimination von m und D' aus den Gleichungen (22), (23) und (24) erhalten wir:

$$\frac{d^3 P}{d t^3} + \frac{d^2 P}{d t^2} \cdot \left(N + \frac{R}{B}\right) + \frac{d P}{d t} \cdot \frac{R N}{B} + (P - P_0) \cdot \frac{N G}{B} = 0. \tag{25}$$

Es handelt sich nun darum, ob nach Gleichung (25) eine ungedämpfte Schwingung von der Form möglich ist:

$$P - P_0 = A \cdot \sin \omega t. \tag{26}$$

A ist die Amplitude, t die Zeit, $\omega = \dfrac{2\,\pi}{T}$ die Kreisfrequenz und T die Schwingungsdauer. Aus den Gleichungen (25) und (26) erhalten wir:

$$\left(\frac{G\,N}{B} - \omega^2\left(N + \frac{R}{B}\right)\right) \cdot A \cdot \sin\omega\,t + \left(\frac{R\,N}{B} - \omega^2\right) \cdot A\,\omega \cdot \cos\omega\,t = 0\cdot$$

Damit diese Gleichung für alle Werte von t erfüllt ist, müssen die Klammerausdrücke, die als Faktoren vor der sin- und cos-Funktion stehen, einzeln gleich Null werden. Auf diese Weise erhalten wir als Bedingung für das Zustandekommen einer Schwingung von der Kreisfrequenz ω die Gleichung

$$\omega^2 = \frac{G}{B + \dfrac{R}{N}} = \frac{R\,N}{B}\cdot \qquad (27)$$

Die Gleichung (27) zeigt, daß der Gasschleier theoretisch eine ungedämpfte Schwingung erzeugen kann, vorausgesetzt, daß die Konstanten B, G, R und N der Gleichung (27) genügen. Die Kreisfrequenz ist ebenfalls durch Gleichung (27) gegeben. Das Vorhandensein einer ungedämpften Schwingung muß noch durch das Experiment nachgeprüft werden. Zu diesem Zweck wurde in Abb. 16 die Pfeife e entfernt und das Ansatzrohr b mittels eines Stopfens verschlossen. Ein kreisrundes Blättchen S war am Ende eines Drahtes befestigt, um das Blättchen bei f in das Rohr c einführen zu können. Das Blättchen hatte einen Durchmesser 6 mm und der innere Durchmesser des Rohres c war 8 mm, außerdem hielten drei Stifte das Blättchen S in der Mitte des Rohres c, so daß der Abstand des Blättchens vom Rohr ringsherum 1 mm war. Während das Wasser w kochte, wurde das Blättchen S in das Rohr c eingeführt. Sobald das Blättchen S sich in der Nähe der Stelle m in Abb. 16 befand, entstand tatsächlich ein hoher Ton.

Die Versuchsbedingungen wurden variiert durch Veränderung der Länge des Röhrchens c zwischen 11 cm und 23 cm, durch Verändern der Wärmeleitfähigkeit des Röhrchenmaterials (Messing und Glas) und durch Vermeiden des Rückflusses des Kondensats, indem der Apparat ohne Wasser w auf den Kopf gestellt wurde. Im letzten Falle war das Gefäß a oben und das Röhrchen c unten, und der aus einem Siedegefäß entnommene Dampf wurde durch das Seitenrohr b eingeleitet. Schließlich wurde noch der Wasserkühler d längs des Röhrchens c versetzt, so daß die Schwingungserregung durch das Scheibchen S sowohl oberhalb als auch unterhalb des Knotenpunktes der Grundschwingung untersucht werden konnte. Das Resultat war, daß in sämtlichen Fällen ausnahmslos ein Geräusch hörbar wurde, sobald das Scheibchen S an die Kondensationsstellen gebracht wurde. An einer bestimmten Stelle des Kondensationsbereiches ging das Geräusch vorübergehend für die Dauer von wenigen Sekunden, manchmal auch länger, in einen hohen Ton über.

Die Schwingungszahl des entstehenden Tones stimmte größenordnungsweise mit dem Eigenton der Dampf-Luft-Säule c überein. Es handelt sich darum, ob die bis zu 10 % betragenden Unterschiede als Meßfehler, hervorgerufen durch die unsichere Abgrenzung zwischen Dampf- und Gassäule, oder als systematische Abweichungen zu deuten sind. Um dies zu entscheiden, wurde mit Hilfe des Röhrchens h in Abb. 16 Luft gegen die Öffnung f geblasen und dadurch der Eigenton der schwingenden Dampf-Luft-Säule c erregt. Der Versuch ergab eine vollkommene Übereinstimmung der durch das Scheibchen S und das Röhrchen h erregten Töne. Somit erregen die Gasschleierschwingungen den Eigenton der Dampf-Luft-Säule c.

Der wesentliche und primäre Schwingungsvorgang ist das Geräusch, das beobachtet wird, sobald das Scheibchen S an die Kondensationsstellen gebracht ist. Das herabrieselnde Kondenswasser beeinflußt die Gasschleierkonstanten der Gleichung (27) und bewirkt unregelmäßige Schwankungen der Frequenz ω. Das Durcheinander der hörbaren Frequenzen wird als Geräusch empfunden. Wenn zwischen dem Gasschleiergeräusch und dem Eigenton der Röhre c Resonanz besteht, geschieht dasselbe, wie wenn das von einem Luftstrahl an einer Kante erzeugte Geräusch, verursacht z. B. von der aus h austretenden, auf die Kante f stoßenden Luft, in Resonanz mit einer Luftsäule ist: die Luftsäule gerät in Eigenschwingungen, die auf den Schwingungserreger rückwirken und ihn steuern. Die Ähnlichkeit der Erregung von Eigentönen mit dem Scheibchen S und mit dem Röhrchen h läßt die Vermutung aufkommen, daß die neue Schwingungserregung auf bekannte Ursachen zurückzuführen ist. Es ist daher zu prüfen, ob die Schwingungserregung durch das Scheibchen S zu erklären ist: a) durch einen mechanischen Vorgang, indem der an S vorbeiströmende Dampf wirkt wie die aus dem Labium der Orgelpfeife austretende Luft, oder b) durch einen thermischen Vorgang ähnlich der singenden Flamme, weil der untere Teil des Röhrchens c vom Dampf erhitzt und der obere Teil vom Wasser gekühlt ist.

a) Die mechanische Tonerregung durch das Scheibchen S wird geprüft ohne Dampf, indem durch das Seitenrohr b Luft eingeblasen wird. Dasselbe Scheibchen S, das den Gasschleierton erzeugt hatte, wird in das Röhrchen c eingeführt. Es entsteht ein Ton nur dann, wenn man das Scheibchen nach x bringt, das ist 3 bis 6 mm unterhalb der Öffnung f. Die

Rohrlänge c ist dann das ein- bis vielfache der halben Wellenlänge des erzeugten Tones je nach der Stärke des Anblasens. Es entsteht dagegen niemals ein Ton, wenn das Scheibchen S sich bei m oder irgendwo in der Mitte von c an einer der Stellen befindet, an denen ein Gasschleierton entstanden war. Daraus folgt, daß der von dem Scheibchen S erregte Ton nicht auf mechanische Ursachen ähnlich der Orgelpfeife zurückführbar ist.

b) Ein oben und unten offenes Rohr wird thermisch zum Tönen angeregt, wenn man in den unteren Teil des Rohres eine Flamme oder ein erhitztes Drahtnetz einführt. Analog zu diesem Versuch wird die thermische Tonerregung durch das Scheibchen S ohne Dampf geprüft, indem das Röhrchen c aus dem Gefäß a herausgenommen wird, so daß das Röhrchen c sich oben und unten in freier Luft befindet. Der unter dem Kühler d vorstehende Teil des Röhrchens c wird statt durch Dampf mit einem Bunsenbrenner erhitzt. Das Röhrchen c gibt keinen Ton, an welche Stelle auch man das Scheibchen S bringt. Die Tonerregung durch das Scheibchen S ist somit nicht thermischer Natur.

Nachdem die Versuche a) und b) gezeigt haben, daß die Entstehung des Tones an der Kondensationsstelle nicht durch die bekannten mechanischen und thermischen Ursachen erklärt werden kann, und daß somit nur die Erklärung mit Hilfe des Gasschleiers übrig bleibt, erscheint es wünschenswert, festzustellen, ob ein besonderer Einfluß des Gases auf die Tonerzeugung an der Kondensationsstelle nachweisbar ist. Zu diesem Zweck wird das einfache Scheibchen S durch das Doppelscheibchen SS' (Abb. 16) ersetzt. S ist das bisher verwendete Scheibchen, das an dem Draht l befestigt ist. Das ebenfalls kreisrunde Scheibchen S' hat in der Mitte ein Loch und ist an dem Röhrchen r angelötet. Der Draht l ist durch das Röhrchen r hindurchgesteckt, so daß die beiden Scheibchen S und S' in einem gegenseitigen Abstand von etwa 1 mm gehalten werden. Der Durchmesser von beiden Scheibchen ist 6 mm. Das Doppelscheibchen SS' wird an Stelle des einfachen Scheibchens S in das Röhrchen c eingeführt, und diese Vorrichtung hat den Zweck, durch das Röhrchen r Luft einblasen zu können, die an der Peripherie zwischen den Scheiben S und S' austritt und die Luftzufuhr zu dem an S angrenzenden Gasschleier während der Kondensation verstärkt. Die oben beschriebenen Versuche wurden mit dem Doppelscheibchen SS' wiederholt, während das Röhrchen r verschlossen war. Das Ergebnis war dasselbe wie mit dem einfachen Scheibchen S: es entstand ein Geräusch, das ab und zu von einem hohen Ton unterbrochen wurde. Sobald aber in das Röhrchen r ein schwacher Luftstrom eingeleitet wurde, hatte dies den Erfolg, daß die Zeitabschnitte, in denen ein Ton hörbar war, länger wurden, und daß manchmal der Ton dauernd bestehen blieb ohne Unterbrechung durch ein Geräusch. Damit ist experimentell bewiesen, daß die Anwesenheit von Luft an der Kondensationsstelle, das heißt die Bildung eines Gasschleiers, wesentlich ist zur Erzeugung eines Tones. Die experimentell untersuchte Schwingungserzeugung entspricht somit den theoretischen Voraussetzungen, unter denen Gleichung (27) abgeleitet wurde.

Die Bestätigung des theoretisch vermuteten Effektes durch das Experiment ist ein Beweis für die reale Existenz des Gasschleiers.

Der Gasschleier im Vakuumkondensator. Bei Vakuumdestillationen hat die Pumpe die Aufgabe, den im Vakuumkondensator sich bildenden Gasschleier zu beseitigen, damit die Destillation bei möglichst niederen Drucken bzw. niederen Temperaturen abläuft. Die Entstehung des Gasschleiers zeigte Abb. 12. Der Gasschleier von der Dicke d reicht bis zur punktierten Linie. Wenn wir die Saugleitung der Pumpe beispielsweise bei a in den Dampfraum münden lassen, so befindet sich die Saugöffnung a außerhalb des Gasschleiers mit dem Erfolg, daß der Gasschleier von der Pumpe nicht abgesogen wird. Wenn die Pumpe bei a noch so kräftig wirkt, verläuft die Destillation trotzdem bei einem großen Druck P, der nach Gleichung (18) um den Betrag L_k größer ist als der Dampfdruck D_k auf der Kondensatorfläche. Es ist nicht möglich, auf diese Weise eine Vakuumdestillation zu erzielen. Dagegen ist bei dieser Anordnung sehr wohl eine Hochvakuumdestillation durchführbar (Molekulardestillation), weil im Hochvakuum der Gasschleier verschwindet, so daß es ziemlich gleichgültig ist, wo die Saugstelle a sich befindet. Aus diesen Überlegungen geht hervor, daß unter allen Umständen die Vakuumkondensatoren so konstruiert sein müssen, daß der auf den Kondensationsflächen sich bildende Gasschleier möglichst wirkungsvoll durch die Pumpe abgesogen wird.

Die technischen Vakuumkondensatoren bestehen aus Röhren, die entweder auf der Außenseite gekühlt werden, während die Dämpfe innerhalb des Rohres kondensieren (Röhrenkondensator), oder die von einer Kühlflüssigkeit durchströmt werden, während auf der Außenseite die Dämpfe kondensieren (Oberflächenkondensator). Die Wirkung des Gasschleiers im Röhrenkondensator ist dieselbe wie im Rückfluß-

kondensator Abb. 15. Stellt man Abb. 15 auf den Kopf, so
daß der Dampfraum D oben ist und das Kondensat vom
Dampf getrennt wird, so hat man einen Röhrenkondensator.
Wie Abb. 15 zeigt, fließt die Luft aus dem Luftschleier in der
Pfeilrichtung c in den Luftraum L ab. Die Luft L wird von
der Pumpe abgesogen. Der Röhrenkondensator ist somit eine
denkbar einfache Konstruktion: in das eine Ende des gekühlten Rohres wird der Dampf eingeleitet, am anderen Ende
saugt die Pumpe den Gasschleier ab. Der Röhrenkondensator wird in der Technik sehr viel verwendet. Er hat nur den
Nachteil, die Strömung des Dampfes stark zu drosseln.

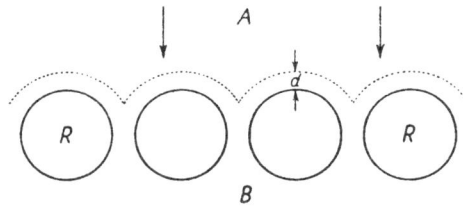

Abb. 17
Gasschleier im Oberflächenkondensator

Der Oberflächenkondensator gestattet dem Dampf einen viel
leichteren Durchfluß als der Röhrenkondensator, bedarf aber
einer besonderen Anordnung der Kühlrohre, damit der Gasschleier wirksam beim Pumpen beseitigt wird. Abb. 17 zeigt
den Oberflächenkondensator. R sind die vom Kühlwasser
durchströmten Rohre, auf deren Oberfläche der Dampf kondensiert. Auf der einen Seite der Rohrreihe bei A strömt das
Dampf-Gas-Gemisch in Pfeilrichtung zu und bildet den Gasschleier von der Dicke d. Die punktierte Linie soll den Gasschleier andeuten. Auf der anderen Seite der Rohrreihe bei
B wirkt die Pumpe. Der nicht kondensierte Anteil des

Dampfes streift den Gasschleier von den Rohren ab und führt ihn durch die Zwischenräume der Rohre R hindurch der Pumpe zu. Die Ausbildung eines wirksamen Gasschleiers ist auf diese Weise verhindert. Die Kühlrohre sind am besten ausgenutzt, wenn das gesamte Dampf-Gas-Gemisch an den Kühlrohren in einem Abstand vorbeigeführt wird, der kleiner ist als die Dicke d des Gasschleiers.

Die Pumpenvorlage Abb. 8 ist ein Oberflächenkondensator entsprechend Abb. 17. Der gesamte Dampf wird dicht an den Kühlrohren der Pumpenvorlage vorbeigeführt und der gegenseitige Abstand der Kühlrohre ist so klein, daß der Gasschleier fast vollständig von den Kühlrohren abgestreift und zur Pumpe fortgespült wird. Die vier Rohrreihen sind so angeordnet, daß das Dampf-Gas-Gemisch auf dem Wege zur Pumpe zuletzt die kälteste Rohrreihe berührt.

11. GESICHTSPUNKTE ZUR AUSWAHL DER GEEIGNETEN PUMPENMODELLE FÜR VAKUUMDESTILLATIONEN

Die Luftpumpen haben bei Vakuumdestillationen zwei verschiedene Aufgaben zu erfüllen: erstens die Entlüftung der Apparatur von Atmosphärendruck bis zum gewünschten Vakuum, und zweitens die Aufrechterhaltung des Vakuums während des Betriebes. Die erste Aufgabe ist lediglich eine Frage der Zeit, die man aufwenden will, um die Apparatur in Betrieb zu setzen und die mit einer Hilfspumpe beliebig abgekürzt werden kann. Wir wollen hier ausschließlich die zweite Aufgabe behandeln: das gewünschte Vakuum aufrechtzuhalten.

Zur Aufrechterhaltung eines Vakuums ist eine Pumpe notwendig einmal wegen unvermeidlicher Undichtigkeiten, dann aber vor allem wegen der Gasabgabe der zu destillierenden Substanz. Die frei werdenden Gasvolumina sind umgekehrt proportional dem Druck, so daß die Förderleistung einer Pumpe um so größer sein muß, je höher das gewünschte Vakuum ist. Im Hochvakuum, bei Molekulardestillationen, werden die abzusaugenden Gasvolumina so groß, daß nicht Gasballastpumpen, sondern nur Öldiffusionspumpen verwendet werden, und daß selbst deren um Zehnerpotenzen größere Förderleistung manchmal nicht ausreicht, so daß die zu destillierende Substanz zuerst im Vorvakuum entgast werden muß. Bei den folgenden Betrachtungen ist das Hochvakuum ausgeschlossen und sind nur Vakuumdestillationen behandelt, die mit Hilfe von Gasballastpumpen durchführbar sind. Dies ist gleichbedeutend damit, daß wir im folgenden ausschließlich Vorgänge behandeln, bei denen die durch Gleichung (14) gegebene Durchdringungszahl n verschwindend klein ist, so daß nicht wie im Hochvakuum die Teildrucke, sondern ausschließlich nur die Gesamtdrucke für die Bewegung des Dampf-Gas-Gemisches maßgebend sind. Wenn im folgenden Gleichgewichte zwischen Luftdruck L und Dampfdruck D besprochen werden, soll das keinesfalls als Ursache für eine Entmischung angesehen werden, sondern soll bedeuten, daß ein Gleichgewicht zwischen zwei Gesamtdrucken besteht, und daß bei dem einen Gesamtdruck der Teildruck L und bei dem anderen Gesamtdruck der Teildruck D überwiegend ist.

Die Pumpe beseitigt den Gasschleier im Kondensator und erfüllt ihre Aufgabe vollkommen, wenn der Gasschleierdruck

L_k verschwindend klein geworden ist. Der Gesamtdruck P im Kondensator ist durch Gleichung (18) gegeben. Für L_k = 0 erhalten wir $P = D_k$. Es ist D_k die untere Grenze, bis zu der man den Druck im Kondensator durch Pumpen erniedrigen kann. Andererseits ist der niederste, mit der Gasballastpumpe überhaupt erreichbare Druck gegeben durch die in Tabelle II angegebenen Enddrucke L_0 und D_0. Da es hier nur auf den Gesamtdruck P ankommt, setzen wir $P_0 = L_0$ + D_0. Folgende Beziehungen zwischen den beiden unteren Grenzwerten P_0 und D_k sind von Interesse: a) es ist $P_0 > D_k$ und b) es ist $P_0 < D_k$.

a) Es ist $P_0 > D_k$. Der Druck P im Kondensator ist stets größer als P_0. Somit ist auch P größer als D_k. Nach Gleichung (18) ist der Gasschleierdruck auf der Kondensationsfläche $L_k = P - D_k$. Somit ist die Kondensationsfläche des Kühlers in diesem Fall stets mit einem Gasschleier vom Druck L_k bedeckt. Der Gasschleier ist nicht ganz beseitigt, sondern nur reduziert. Obwohl der Gasschleier die Kondensation behindert, sind Vakuumdestillationen dieser Art sehr häufig, beispielsweise die Destillation bei Wasserstrahlvakuum. Das Endvakuum einer Wasserstrahlpumpe ist etwa $P_0 = 15$ Ger. Wenn eine Substanz destilliert wird, deren Sättigungsdruck D_k bei der Temperatur der Kühlfläche des Kondensators kleiner ist als 15 Ger, so ist die Bedingung $P_0 > D_k$ erfüllt.

b) Es ist $P_0 < D_k$. Der Gesamtdruck P im Kondensator ist größer als P_0, auch wenn $P = D_k$ ist. In diesem Falle ist nach Gleichung (18) der Gasschleierdruck $L_k = 0$. Das Verschwinden des Gasschleiers kommt dadurch zustande, daß der auf der Kondensationsfläche befindliche Dampf vom

Druck D_k zusammen mit dem in ihm enthaltenen Gas des Gasschleiers zur Pumpe abfließt. Der Fall b) ist die Grundbedingung dafür, daß die Destillation bei den kleinstmöglichen Drucken abläuft.

Außer dem Endvakuum P_0 ist auch die Sauggeschwindigkeit S der Pumpe von Einfluß auf den Destillationsdruck. Dabei sei als selbstverständlich vorausgesetzt, daß die Sauggeschwindigkeit nicht durch eine zu enge Saugleitung gedrosselt wird, was nur als technischer Fehler zu verurteilen wäre. In der Vorlage wird bei der Kondensation des gashaltigen Dampfes dem Gasschleier neues Gas zugeführt. Die Pumpe führt beim Absaugen des Dampf-Gas-Gemisches Gas aus dem Gasschleier fort. Auf diese Weise entsteht ein Gleichgewichtszustand für den Gasschleier. Je größer der Gasgehalt des Dampfes ist, desto stärker entwickelt sich der Gasschleier. Je größer die Sauggeschwindigkeit der Pumpe ist, desto schwächer ist der Gasschleier. Der Gasschleierdruck L_k ist proportional dem Teildruck L des Gases im Dampf-Gas-Gemisch und umgekehrt proportional der Sauggeschwindigkeit S der Pumpe. Die Sauggeschwindigkeit S der Pumpe muß somit einen bestimmten Minimalwert haben, damit der Gasschleierdruck L_k bzw. der Gesamtdruck in der Vorlage genügend klein ist und die Destillation bei dem gewünschten niederen Druck abläuft.

Die Bestimmung des Proportionalitätsfaktors k zwischen dem Teildruck L und dem Gasschleierdruck L_k ist grundsätzlich möglich, wenn man in die Blase einen schwachen Luftstrom einleitet, und wenn die dadurch in der Vorlage hervorgerufene Erhöhung des Gesamtdruckes ΔP_v und des Teildruckes der Gase ΔL_v an derselben Stelle gemessen wird. Wenn kein

Gasschleier entstünde, wäre $\Delta P_v = \Delta L_v$. Der Gasschleier bewirkt, daß $\Delta P_v = \Delta L_k$ ist, wenn ΔL_k die Zunahme des Gasschleierdruckes bedeutet. Somit ist (bei Vermeidung störender Reibungseffekte)

$$k = \frac{\Delta L_k}{\Delta L_v} = \frac{\Delta P_v}{\Delta L_v} \geqq 1 .$$

Von praktischem Interesse ist der Zusammenhang des Destillationsdruckes P_b in der Blase mit dem an der Pumpe gemessenen Teildruck L der Gase. Wir lassen wiederum probeweise einen schwachen Gasstrom in die Blase eintreten und messen die dadurch verursachte Erhöhung $\Delta P_b'$ des Gesamtdruckes in der Blase und die Erhöhung $\Delta L'$ des Teildruckes der Gase am Saugstutzen der Pumpe. Es sei der Fall gesetzt, daß während einer Destillation ohne äußere erkennbare Ursachen in der Blase der Druck um den Betrag ΔP_b und an der Pumpe der Teildruck der Gase um den Betrag ΔL ansteige. Wenn diese Drucksteigerungen der Gleichung

$$\frac{\Delta L}{\Delta P_b} = \frac{\Delta L'}{\Delta P_b'} \qquad (28)$$

genügen, so beweist dies, daß die spontanen Druckschwankungen ΔP_b durch Gasausbrüche der destillierten Substanz entstanden sind. Falls die beobachteten Druckschwankungen ΔP_b und ΔL der Gleichung (28) nicht genügen, so sind die Druckschwankungen in der Blase ganz oder zum Teil auf andere Ursachen zurückzuführen, z. B. auf das Umschlagen einer labilen, laminaren Strömung des Dampfes in die turbulente Strömungsform.

Wenn es sich darum handelt, ob es zur Verbesserung des Vakuums in der Blase Zweck hat, die Pumpe gegen eine größere Pumpe mit größerer Fördergeschwindigkeit auszutauschen, gibt Gleichung (28) Anhaltspunkte. Der Destillationsdruck soll um den Betrag ΔP_b herabgesetzt werden. Durch Einsetzen dieses ΔP_b-Wertes in die Gleichung (28) erhält man einen bestimmten Wert für ΔL. Wenn dieser Differenzwert ΔL klein ist im Vergleich zum absoluten Wert L des an der Pumpe gemessenen Teildruckes der Gase, dann kann der Teildruck L um den Betrag ΔL und damit auch der Destillationsdruck durch Austausch der Pumpe herabgesetzt werden. Wenn dagegen ΔL groß ist gegen L, so ist es unmöglich, den Destillationsdruck um den Betrag ΔP_b zu verringern, wie groß auch die Sauggeschwindigkeit der Pumpe sein mag. Der Destillationsdruck hat, wie im folgenden gezeigt wird, einen unteren Grenzwert, der nur von der Konstruktion des Destillationsapparates abhängt und nicht unterschritten werden kann, wie hochwertig auch die verwendete Pumpe bezüglich Endvakuum und Sauggeschwindigkeit sein mag. Wir bezeichnen den Druck in der Blase mit P_b und den Druck im Kondensator bzw. in der Vorlage mit P_v. Den Zusammenhang zwischen P_b und P_v bei verschiedenen Drucken und bei gleichbleibender Heizung der Blase zeigt Abb. 18. In dem Druckbereich 1000 Ger bis 100 Ger stimmen die Drucke P_b und P_v überein. Je kleiner die Drucke sind, desto größer werden die Unterschiede. Für $P_v = 1$ Ger ist $P_b = 10$ Ger, und wenn man den Druck P_v unter 1 Ger erniedrigt, behält P_b seinen Wert 10 Ger, wie klein auch P_v sein mag. Dieser merkwürdige Zusammenhang zwischen P_b und P_v ist durch die Eigenart des Gasreibungsgesetzes bedingt. Nach *Maxwell* ist die innere Reibung der Gase unabhängig vom Druck, oder mit anderen Worten: durch ein Rohr fließt bei großen und kleinen Drucken stets dasselbe Dampf- oder Gasvolumen, wenn die Druckdifferenz an den Rohrenden in allen Fällen die gleiche ist. Wenn die durch das Rohr fließende Gewichtsmenge eines Dampfes bei allen Drucken dieselbe ist wie bei der Destillation, so ist das durch das Rohr fließende Dampfvolumen umgekehrt proportional dem Druck. Die an den Rohrenden auftretende Druckdifferenz ist dann um so größer, nicht etwa je dichter, sondern je verdünnter der Dampf ist. Das Gesetz der inneren Reibung fand Maxwell durch Berech-

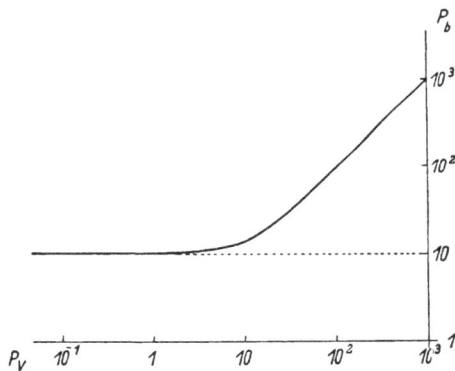

Abb. 18

Zusammenhang zwischen dem Druck P in der Blase und dem Druck P in der Vorlage bei verschiedenen Drucken und bei gleichbleibender Gewichtsmenge strömenden Dampfes

nung der Bewegung der Gasmoleküle, und er zögerte lange mit der Veröffentlichung wegen der Eigenartigkeit des Rechnungsergebnisses. Erst später gelang es, das Maxwellsche Gesetz experimentell zu bestätigen. Abb. 18 zeigt die Anwendung des Maxwellschen Gesetzes auf den Destillationsvorgang in folgender Weise: Durch das Rohrsystem der Destillationsanlage werde eine bestimmte Gewichtsmenge Dampf pro Zeiteinheit in die Blase beim Druck P_b eingeleitet und

77

aus der Vorlage beim Druck P_v abgeleitet. Nach Maxwells Gesetz ist dann die Druckdifferenz umgekehrt proportional dem mittleren Druck. Die Druckdifferenz genügt somit der Gleichung:

$$P_b - P_v = \frac{C}{P_b + P_v} \cdot \tag{29}$$

In Abb. 18 ist die Konstante $C = 100$ gesetzt; es sind also die Werte für P_b und P_v eingetragen entsprechend der Gleichung

$$P_b{}^2 = P_v{}^2 + 100 \cdot$$

Für $P_v = 1000$ Ger ist die Druckdifferenz $P_b - P_v = 0{,}05$ Ger so klein, daß sie in Abb. 18 wegen der Kleinheit nicht erkennbar ist. Je kleiner P_v ist, desto größer ist $P_b - P_v$ und hat den Wert 9 Ger erreicht für $P_v = 1$ Ger. Aus Abb. 18 geht hervor, daß es nicht möglich ist, mit einem vorhandenen Destillationsapparat eine Destillation bei beliebig niederen Drucken auszuführen, wie leistungsfähig auch die zur Verfügung stehende Pumpe sein mag. Nach Gleichung (29) ist der niederste Druck, bei dem die Destillation möglich ist, $P_b = \sqrt{C}$. Um Destillationen bei gleichbleibender Heizung aber bei noch kleineren Drucken ausführen zu können, muß man sich einen neuen Vakuumdestillationsapparat bauen, bei dem alle Querschnitte, durch die der Dampf strömen muß, wesentlich weiter sind und den Dampfdurchtritt bedeutend erleichtern.

12. WIEDERGEWINNUNG DES ABGESOGENEN DAMPFES

Zur Aufrechterhaltung eines guten Vakuums in einer Destillationsanlage ist es notwendig, mit Hilfe einer Luftpumpe (Gasballastpumpe) nicht nur Luft, sondern vor allem ganz erhebliche Mengen Dampf abzusaugen. Wenn es sich um kostbare Substanzen handelt, die nach dem Absaugen verloren sind, hat das wirtschaftliche Bedenken. In diesem Abschnitt wird gezeigt, wie die abgesogene Substanz durch Kondensation in einfacher Weise wiedergewonnen werden kann ohne Anwendung kostspieliger Absorptions- oder Kühlmittel.

Wiedergewinnung durch Kondensation bei zweistufigen Pumpen. Abb. 19 zeigt die Pumpenanordnung zur Wiedergewinnung der abgesogenen Dämpfe. Die Gasballastpumpe G und die Feinpumpe F bilden zusammen eine zweistufige Pumpe wie

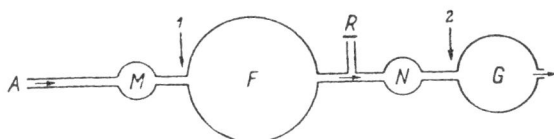

Abb. 19
Wiedergewinnung der abgesogenen Dämpfe durch
Kondensation bei zweistufigen Pumpen

Abb. 7. Der Unterschied gegen Abb. 7 besteht darin, daß die Sauggeschwindigkeit der Feinpumpe F in Abb. 19 um das Vielfache größer ist als die Sauggeschwindigkeit der zugehörigen Gasballastpumpe G. Außerdem ist zwischen beiden Pumpen die Abzweigung mit dem Rückschlagventil R und die Pumpenvorlage N eingeschaltet. Das Rohrende A ist an die Destillationsanlage angeschlossen. M ist eine Pumpenvorlage wie Abb. 8.

Der Teildruck L des Gases, der Teildruck D des Dampfes und das in der Zeiteinheit durch das Rohr fließende Volumen S (Sauggeschwindigkeit) haben an der Stelle *1* (Abb. 19) die

Werte L_1, D_1, S_1 und an der Stelle 2 die Werte L_2, D_2, S_2. Die Sauggeschwindigkeit S_1 der Pumpe F sei um das Vielfache größer als die Sauggeschwindigkeit S_2 der Pumpe G. Die bei A abgesogene Gasmenge hat bei 1 den Wert $S_1 \cdot L_1$ und bei 2 den Wert $S_2 \cdot L_2$. Gleiche Temperatur vorausgesetzt ist

$$L_2 = L_1 \cdot \frac{S_1}{S_2} \cdot \tag{30}$$

L_2 ist somit stets größer als L_1. Damit der Gasdruck L_2 bei Inbetriebsetzung der Anlage den Atmosphärendruck nicht überschreitet, ist bei R ein Rückschlagventil vorgesehen, das den Überdruck in die freie Atmosphäre entspannen läßt. Die bei A angesogene Dampfmenge hat bei 1 den Wert $S_1 \cdot D_1$ und bei 2 den Wert $S_2 \cdot D_2$. Wenn es sich um stark überhitzte Dämpfe gleicher Temperatur handelt, sind beide Produkte einander gleich. Wenn aber D_2 ein gesättigter Dampf ist, und ein Teil K des Dampfes in der Pumpenvorlage N kondensiert, so ist $D_1 \cdot S_1 = D_2 \cdot S_2 + K.$

Vorausgesetzt sei, daß die Feinpumpe F so warm ist, daß innerhalb derselben keine Kondensation stattfindet. K ist die als Kondensat wiedergewonnene Dampfmenge. In dem Sonderfall, dass bei gleicher Kühlwassertemperatur der Pumpenvorlagen M und N die Teildrucke D_1 und D_2 gleich groß sind, ist, wenn wir das Verhältnis von wiedergewonnener Dampfmenge zur Gesamtdampfmenge als Nutzeffekt N bezeichnen, der Nutzeffekt N gegeben durch:

$$N = \frac{K}{D_1 S_1} = 1 - \frac{S_2}{S_1} \cdot \tag{31}$$

Auch der letzte Rest $1 - N$ kann wiedergewonnen werden, wie im folgenden an Hand der Abb. 20 gezeigt wird.

Die Verwendung zweier verschieden großer Pumpen F und G hat besondere Vorteile, wenn ein hohes Endvakuum und außerdem eine so große Sauggeschwindigkeit benötigt wird, daß zwei gleich große Pumpen F und G unwirtschaftlich wären.

Die beschriebene Anordnung Abb. 19 bietet auch in meßtechnischer Beziehung Vorteile, wenn es sich darum handelt, den Teildruck L der Gase während des Betriebes zu kontrollieren. Gleichung (30) zeigt, daß L_2 in einem bestimmten Verhältnis größer ist als L_1. Wenn man den Teildruck der Gase an der Stelle 2 mißt, ist die Empfindlichkeit der Messung um rund eine Zehnerpotenz größer, als wenn man an der Stelle 1 mißt.

Wiedergewinnung durch Kondensation bei einstufigen Gasballastpumpen. Abb. 20 zeigt die Anordnung zur Wiedergewinnung der verdampften Substanz bei einstufigen Gasballastpumpen. G sei die einstufige Gasballastpumpe. Das Saugrohr der Pumpe sei bei D mit der Destillationsanlage unter Zwischenschaltung der Pumpenvorlage V verbunden. Der Auspuffstutzen A und das Ballastventil B sind durch das Kondensationsrohr K und das Sammelgefäß S miteinander verbunden. Beim Inbetriebsetzen der Destillationsanlage wird die Luft beim Auspuffstutzen A durch das Rückschlagventil R in die freie Atmosphäre ausgestoßen. Sobald das Betriebsvakuum in der Destillationsanlage erreicht ist, bleibt das Rückschlagventil R dauernd geschlossen. Das bei A ausgestoßene Dampf-Gas-Gemisch verliert im Kühlrohr K, das vom Wassermantel W umgeben ist, den Hauptteil des Dampfes durch Kondensation. Das Gemisch tritt bei T tangential mit großer Geschwindigkeit in das zylindrische Gefäß S ein und erzeugt eine schnelle Rotation der darin enthaltenen Gasmasse. Das Kondensat wird gegen die Wand geschleudert und fließt nach unten ab. Das Gas mit dem Dampfrest, dessen Teildruck wir mit f bezeichnen, wird von der Gasballastpumpe am Gasballastventil B abgesogen. Der Gasballast beschreibt somit einen geschlossenen Kreislauf auf dem Weg

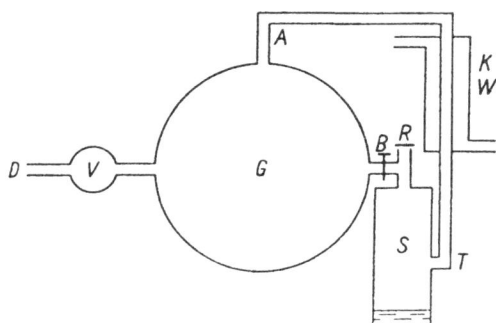

Abb. 20
Wiedergewinnung der abgesogenen Dämpfe durch
Kondensation bei einstufiger Gasballastpumpe

A-K-T-S-B-G-A und kann aus Luft oder einem beliebigen anderen Gase bestehen. Der Teildruck f ist gleich dem Sättigungsdruck des Dampfes bei Kühlwassertemperatur. Die Gleichung (10) und das anschließende Zahlenbeispiel gelten nicht nur für Wasserdampf, sondern für jede beliebige Dampfart; sie zeigen, daß der Restgehalt des Dampfes vom Teildruck f nicht merklich die Wirkung des Gasballastes beeinflußt. Bei der Anordnung nach Abb. 20 wird die Substanzmenge des von der Pumpe abgesogenen Dampfes durch Kondensation bei normaler Wassertemperatur restlos zurückgewonnen.

13. MESSUNG DER DRUCKE VON GAS-DAMPF-GEMISCHEN BEI VAKUUMDESTILLATIONEN

a) *Messung des Gesamtdruckes.* In Abb. 21 bedeutet A die Blase einer Vakuumdestillationsanlage, M das Manometer zur Messung des Vakuums und R mit R' das zugehörige Anschlußrohr an die Blase A. Die Schwierigkeit bei der Messung kleiner Dampfdrucke besteht darin, daß bei der geringsten

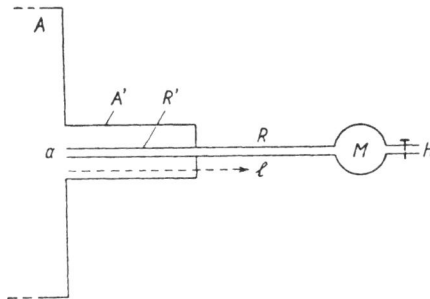

Abb. 21
Dampfdruckmessung mit Luftspülung

Abkühlung des Rohres R unter die Sättigungstemperatur der Dampf kondensiert, und daß das Kondensat das Rohr verstopft und eine Messung unmöglich macht. Die Kondensation läßt sich auch trotz starker Abkühlung des Rohres R auf folgende Weise vermeiden: Durch das Regulierventil H wird ein sehr schwacher Luftstrom eingelassen, der gerade eben genügt, um den Dampf aus dem Rohr zu verdrängen. Der Teildruck des Dampfes ist dann in dem Rohr R so klein, daß auch eine starke Abkühlung noch keine Kondensation bewirkt. Abb. 22 zeigt die durch das Einlassen der Luft entstandene Verteilung der Teildrucke L der Luft und D des Dampfes. In

horizontaler Richtung ist die Länge l des Anschlußrohres und
in vertikaler Richtung sind die Teildrucke L und D eingetragen, und zwar gibt der Abstand eines Kurvenpunktes von
der unteren Horizontallinie den Teildruck D des Wasserdampfes und von der oberen Horizontallinie den Teildruck L
der Luft. Der Gesamtdruck $L + D$ ist an allen Stellen des
Rohres gleich 20 Ger. Die unterste Kurve gibt die Temperatur t,

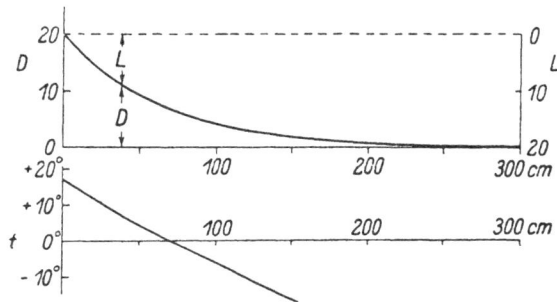

Abb. 22
Teildruckgefälle der Luft (L) und des Dampfes (D)
an der Manometerleitung

auf die das Rohr an der Stelle l abgekühlt werden müßte,
um eine Kondensation des Wasserdampfes herbeizuführen.
An der Stelle $l = 0$, das ist an der Einmündung a des Rohres
in den Dampfraum A, ist $D = 20$ Ger, $t = +17^0$ C und
$L = 0$. An der Stelle $l = 100$ ist $D = 4$ Ger, $t = -5^0$ C
und $L = 16$ Ger. Bei starker Abkühlung wäre eine Kondensation in dem Rohrstück von $l = 0$ bis $l = 100$ möglich. Die
starke Abkühlung ist verhindert, indem dieser mit R' bezeichnete Teil des Rohres von der Gehäusewand A' umgeben
ist, so daß die Temperatur in diesem Rohrstück nicht unter
$+17^0$ sinkt. In dem übrigen Teil des Rohres R von $l = 100$

bis $l = 300$ ist die Kondensationstemperatur t so niedrig, daß eine Kondensation nicht zu befürchten ist und die Rohrleitung so verlegt werden kann, wie es den praktischen Bedürfnissen entspricht. Das Manometer M ist so gut wie ganz mit Luft gefüllt, der Teildruck ist 19,9 Ger, der Dampfrest ist 0,1 Ger. Infolgedessen können hier zur Dampfdruckmessung Manometer M verwendet werden, die entweder nur in Luft geeicht sind, wie das Wärmeleitungsmanometer, oder die nur für Luft verwendbar sind und den Teildruck der Dämpfe nicht anzeigen, wie das *Mac Leod*sche Kompressionsmanometer.

Die Berechnung der Kurve in Abb. 22 ist unter folgenden Voraussetzungen durchgeführt: Die bei H einströmende Luft drängt den Dampf zum Rohrende a zurück. Entgegen diesem Luftstrom diffundiert der Wasserdampf und hat an der Stelle *1* den Teildruck D. An der Mündungsstelle a ist der Dampfdruck D_a. Den Quotienten dieser beiden Drucke D und D_a bezeichnen wir als Durchdringungszahl $n = D/D_a$. Der hier beschriebene Diffusionsvorgang ist in Abschnitt 9 schon behandelt worden, und die Rechnung ergab zur Bestimmung der Durchdringungszahl n die Gleichung (14). Für die Größen k, q und M in Gleichung (14) werden hier folgende Zahlenwerte eingesetzt: Die Diffusionskonstante von Luft gegen Wasserdampf ist $k = 0,24$. Der Rohrquerschnitt sei $q = 0,5$ cm², die Rohrlänge 300 cm. Die bei H eingelassene Luftmenge $M = S \cdot L$ sei so klein, daß der durch diese Luft erzeugte Teildruck L nur 0,0007 Ger beträgt. Die Sauggeschwindigkeit der Gasballastpumpe VI, mit der die Anlage evakuiert wird, ist $S = 2800$ cm³ · sec⁻¹. Dann ist $M = 2$. Durch Einsetzen dieser Zahlenwerte für M, q und k in Gleichung (14) erhalten wir die Zahlenwerte für die Durchdringungszahl n als Funktion von l. Den Druck D_a in der Destillationsanlage A setzen wir $D_a = 20$ Ger. Die aus der Gleichung $D = n \cdot D_a$ sich ergebenden Werte sind in Abb. 22 als Kurve eingetragen. Die bei H eingelassene Luft erzeugt außerdem einen Druckabfall des Gesamtdruckes infolge der inneren Reibung (*Poisseulle*sche Gleichung). Dieser Reibungs-Druck-Abfall ist indessen im vorliegenden Falle verschwindend klein im Vergleich zum Gesamtdruck 20 Ger und daher zu vernachlässigen.

b) *Messung der Teildrucke.* Die im Hochvakuum bewährte Methode, den Teildruck der Gase mit Hilfe des *Mac Leod*schen Kompressionsmanometers zu messen, versagt in dem bei Destillationsanlagen üblichen Vakuum, weil der Ausgleich der Teildrucke durch Diffusion zu lange dauert. Den langsamen Diffusionsvorgang zeigt folgendes Zahlenbeispiel: Zwei Gefäße von je 200 cm³ Volumen seien durch ein Rohr von 1 m Länge und 0,5 cm² Querschnitt miteinander verbunden. Zu Beginn sei das eine Gefäß mit Luft, das andere mit Wasserdampf gefüllt. Der Druck sei 20 Ger. Es dauert länger als zwei Stunden, bis eine gleichmäßige Verteilung von Luft und Dampf bis auf einen Restbestand von 1% durch Diffusion erreicht ist. Die Diffusionszeit ist umgekehrt proportional dem Druck. Im Hochvakuum erfolgt der Ausgleich in so kurzer Zeit, daß die Messung durch den Diffusionsvorgang nicht merklich verzögert wird.

Das Mac Leodsche Meßverfahren kann durch einige Abänderungen unabhängig gemacht werden von der langen Diffusionszeit, wie Abb. 23 zeigt. A ist das Kompressionsgefäß und B die Meßkapillare. Das Quecksilber wird bei Q eingeleitet und dem Kompressionsgefäß *A* durch die beiden Röhren *C* und *D* zugeführt. Von *C* und *D* zweigen die Rohre *E* und *F* ab. Das Rohr *E* wird bei *G* mit dem zu messenden Dampf-Gas-Gemisch verbunden, beispielsweise mit einem Vakuum-destillationsgerät. Der Hahn *H* führt zu einer Hilfspumpe. Die Druckmessung beginnt damit, daß der Hahn *H* kurze Zeit geöffnet wird, so daß das bei *G* abgesogene Dampf-Gas-Gemisch das alte Gemisch aus dem Gefäß *A* herausspült und durch das neue Gemisch ersetzt. Der langwierige Diffusionsvorgang ist damit umgangen. (Man könnte den Saughahn *H* auch an der Spitze der Kapillare *B* anbringen, was aber die genaue Kalibrierung der Meßkapillare *B* sehr erschwert.) Das Instrument nach Abb. 23 muß einschließlich der bei *G* angeschlossenen Rohrleitung und der Einmündungsstelle des Rohres in den Dampfraum durch zusätzliche schwache Heizung auf eine Temperatur oberhalb des Kondensationspunktes des Dampfes gebracht werden. Denn schon eine geringe Kondensation im Rohr oder an der Einmündungs-

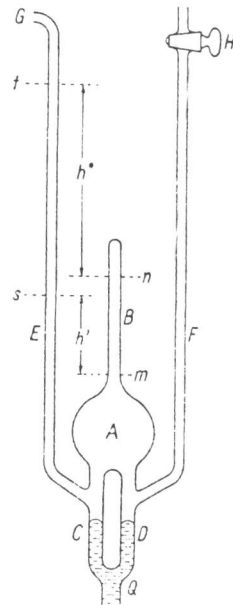

Abb. 23
Kompressions-
manometer
mit Durchspülung

stelle des Rohres in das Dampfgefäß fälscht die Messung des Teildruckes *L* unter Umständen um Größenordnungen. Zur Trennung der beiden Teildrucke: Gas und Dampf, sind zwei Messungen erforderlich, indem man das Quecksilber im Rohr *B* zuerst bis *m* und dann bis *n* anhebt. Bei *G* und ebenso

im Gefäß A ist der Gesamtdruck gleich P und der Teildruck
der Gase gleich L. Das Volumen des Gefäßes A mit Meßkapillare B ist V_0. Das Volumen in der Kapillare B von der
Spitze bis m ist V' und von der Spitze bis n ist V''. Der
Teildruck der Gase ist nach der Kompression auf das Volumen
V' gleich L' und nach der Kompression auf das Volumen V''
gleich L''. Dann ist bei isothermer Kompression der Gase in
der Kapillare B $\qquad L \cdot V_0 = L' \cdot V' = L'' \cdot V''$.

Die Dämpfe kondensieren bei der Kompression, und zwar ist
der Teildruck der Dämpfe sowohl bei der Kompression bis
m als auch bei der Kompression bis n gleich dem Sättigungsdruck D_s der Dämpfe bei der Temperatur des Manometers.
Wenn das Quecksilber bei m steht, steigt es im Rohr E bis s
und der Höhenunterschied ist h'. Wenn das Quecksilber
bis n gehoben wird, steigt es im Rohr E bis t und der Höhenunterschied ist h''. Die Quecksilbersäulen h' und h'' werden
ebenso wie der Druck in mm gemessen. Dann ist der Gesamtdruck des Dampf-Gas-Gemisches in der Kapillare B in der
m-Stellung: $\qquad L' + D_s = P + h'$
und in der n-Stellung: $\quad L'' + D_s = P + h''$.
Durch Elimination von P und D_s aus diesen drei Gleichungen

erhalten wir $\qquad L = (h'' - h') \cdot \dfrac{V' \cdot V''}{V_0 (V' - V'')} \cdot$ \hfill (32)

Die Gleichung (32) gibt den Teildruck der Gase. Der Teildruck der Dämpfe ergibt sich aus $D = P - L$.

14. ZUSAMMENFASSUNG

Die Gasballastpumpen vereinen den Vorteil rotierender Ölluftpumpen, ein hohes Endvakuum zu geben, mit der Möglichkeit, Dämpfe ohne Beeinträchtigung der Pumpwirkung

abzusaugen. Die rotierenden Ölluftpumpen geben ein hohes Vakuum beim Absaugen von Luft, versagen aber beim Absaugen von Dämpfen, weil die Dämpfe bei dem Kompressionsvorgang innerhalb der Pumpe kondensieren und das Pumpenöl verunreinigen. Die Kondensation ist bei den Gasballastpumpen dadurch verhindert, daß den Saugkammern der Pumpen zu Beginn des Kompressionsvorganges zusätzlich frische Luft zugeführt wird, die den Dampf aus der Pumpe herausspült, bevor eine Kondensation eintreten kann. Diese Luftmenge wird als „Gasballast" bezeichnet. Der Gasballast wird durch ein besonderes Ventil, das Ballastventil, eingelassen. Bei offenem Ballastventil arbeitet die Pumpe als Gasballastpumpe und ist befähigt, Dämpfe anzusaugen. Bei geschlossenem Ballastventil arbeitet die Pumpe als einfache Ölluftpumpe und erzeugt beim Ansaugen von Gasen ein hohes Vakuum.

Die Gasballastpumpen werden zur Zeit von der Firma E. *Leybold's Nachfolger* in Köln in folgenden Ausführungen geliefert: Die Gasballastpumpen mit den Förderleistungen 2 m³/h, 5 m³/h und 10 m³/h arbeiten nach dem Drehschieberprinzip, die Gasballastpumpen mit den Förderleistungen 50 m³/h und 150 m³/h[1]) nach dem Drehkolbenprinzip. Ein höheres Vakuum als die genannten einstufigen Gasballastpumpen geben die zweistufigen Gasballastpumpen mit den Förderleistungen 2 m³/h, 5 m³/h und 10 m³/h.

Die Gasballastmenge, die benötigt wird, um beim Ansaugen von Dampf eine Kondensation innerhalb der Pumpe zu verhindern, ist um so kleiner, erstens je kleiner der Druck des

---

[1]) und ebenso die inzwischen entwickelten Pumpen mit Förderleistungen von 300 m³/h und 600 m³/h.

Dampfes bei der Saugdüse ist, und zweitens je größer der Sättigungsdruck des Dampfes innerhalb der Pumpe ist. Eine Kondensation wird mit Sicherheit vermieden, wenn erstens der in die Pumpe eintretende Dampf zur Herabsetzung des Druckes mittels eines mit Wasser gekühlten Oberflächenkondensators, der „Pumpenvorlage", gekühlt wird, und wenn zweitens die Gasballastpumpe so warm ist, daß der Sättigungsdruck genügend groß ist. Die Betriebstemperaturen der Gasballastpumpen liegen zwischen 60^0 C und 85^0 C.

Bei Vakuumdestillationen werden zur Aufrechterhaltung des Vakuums Luftpumpen benötigt, weil die zu destillierenden Substanzen im Vakuum außer Dämpfen auch Gase abgeben. Das Dampf-Gas-Gemisch gelangt aus der Blase in die Vorlage zur Kondensationsfläche. Auf der Kondensationsfläche kondensiert der Dampf, während das übrigbleibende Gas vom nachströmenden Gemisch gegen die Kondensationsfläche gedrängt wird und auf dieser eine dünne Gasschicht bildet. Diese Gasschicht wird als „Gasschleier" bezeichnet. Die Dicke des Gasschleiers ist gleich einer Konstanten dividiert durch die in der Zeiteinheit frei werdende Kondensationswärme. Bei kräftiger Kondensation ist die Dicke des Gasschleiers kleiner als 1 mm. Der Teildruck des Gases im Gasschleier ist am größten unmittelbar auf der Kondensationsfläche und nimmt senkrecht dazu nach einer Exponentialgleichung schnell ab. Der Gasschleier hemmt den Zutritt des Dampfes zur Kondensationsfläche, indem der Dampf einen Überdruck benötigt, um vermittels Diffusion durch den Gasschleier hindurch zur Kondensationsfläche zu gelangen. DieserÜberdruck des Dampfes ist zahlenmäßig gleich dem Teildruck des Gases unmittelbar auf der Kondensationsfläche, dem „Gasschleierdruck".

Bei Destillationen unter Atmosphärendruck ist die Kondensationsfläche mit einem Gasschleier bedeckt. Der Gasschleierdruck ist in diesem Falle gleich der Differenz zwischen dem Druck der Atmosphäre und dem Teildruck des Dampfes unmittelbar auf der Kondensationsfläche.

Die Rechnung zeigt, daß der Gasschleier unter besonderen Versuchsbedingungen imstande sein muß, die Luft in ungedämpfte Schwingungen zu versetzen. Das Experiment bestätigt diese theoretische Vermutung, indem der Röhrenkühler unter diesen besonderen Versuchsbedingungen einen hohen Ton gibt, dessen Auftreten auf andere bekannte Entstehungsursachen nicht zurückführbar ist. Dieser bisher unbekannte Effekt beweist die reale Existenz des Gasschleiers. Um eine Destillation bei möglichst niederen Drucken zu erzielen, muß die Pumpe der Ausbildung eines Gasschleiers auf der Kondensationsfläche so weit entgegenwirken, daß der zur Durchdringung des Gasschleiers notwendige Dampfüberdruck wegen seiner Kleinheit bedeutungslos wird. Der Gasschleier ist um so durchlässiger, je größer die Fördergeschwindigkeit der Pumpe und je kleiner der Teildruck des dem Dampf beigemischten Gases ist. Die Messung des Teildruckes der beigemischten Gase gibt einen Anhaltspunkt dafür, ob die Fördergeschwindigkeit der Pumpe ausreicht, um den zur Durchdringung des Gasschleiers notwendigen Dampfüberdruck genügend herabzusetzen. Es wird angegeben, wie gewisse Schwierigkeiten, die bei der Messung der Gesamtdrucke und der Teildrucke bei Vakuumdestillationen auftreten, zu überwinden sind.

Bei Vakuumdestillationen bietet die Gasballastpumpe die Möglichkeit, den von der Gasballastpumpe abgesogenen

Dampf als Kondensat bei Kühlwassertemperatur restlos wiederzugewinnen. Der Gasballast nimmt innerhalb der warmen Gasballastpumpe Dampf auf und gibt nach Verlassen der Pumpe in einem mit Wasser gekühlten Kondensator den Dampf als Kondensat wieder ab. Der mit dem Rest des nicht kondensierten Dampfes beladene Gasballast wird darauf von neuem in die Gasballastpumpe eingeleitet. Bei diesem Kreislauf des Gasballastes durch Pumpe und Kondensator kondensieren die abgesogenen Dämpfe außerhalb der Pumpe im Kondensator, so daß das Kondensat den Pumpvorgang nicht stören kann. Die aus dem Destillationsgut freiwerdende Luft oder auch andere nicht kondensierbare Gase und ebenso die von außen durch Undichtigkeiten eindringende Falschluft wird durch ein Überdruckventil ausgestoßen und verläßt damit den Gasballastkreislauf.

Die Drucke der Gase und Dämpfe sind in der vorliegenden Abhandlung im technischen Maßsystem angegeben. Die Druckeinheit 1 technische Atmosphäre = 1 Kilogramm-Gewicht/cm² = 1000 cm Wassersäule bei 4° C ist wegen ihrer Größe unzweckmäßig zur Angabe der kleinen Drucke im Vakuum. Deshalb sind die Vakuumangaben nicht auf 1000 cm, sondern auf 1 cm Wassersäule als Druckeinheit zurückgeführt. Die Einheit 1 cm Wassersäule erhält den Namen „1 Ger". Diese Bezeichnung für die Druckeinheit 1 Ger = 1 cm Wassersäule ist gewählt nach dem Taufnamen Otto *Gericke*, des Erfinders der Luftpumpe. Er war der erste Forscher, der die Messung des mit der Luftpumpe erzeugten Vakuums zurückführte auf die Länge einer Wassersäule.